내비게이션 시리즈 3

대수와 함께하는 여행

유아 · 유치원–초등 2

미국수학교사협의회 지음

박만구 · 방정숙 · 정인숙 · 정인철 · 주미경 · 채정림 옮김

KM 경문사

일러두기

- 이 책의 CD-ROM 자료는 경문사 홈페이지 www.kyungmoon.com 자료실에서 다운받으실 수 있습니다.

옮긴이 머리말

수학교육의 최종 실현은 실제 교육의 현장인 교실에서 가르치는 교사와 배우는 학생에 의하여 이루어진다고 할 수 있다. 우리나라에도 총론적인 이론서들은 많이 나와 있지만 교사들이 수업 현장에서 의미 있게 사용하고 적용할 수 있는 실제적인 자료는 아직도 매우 부족한 상황이다. 따라서 수학교육에 관심이 있는 초등학교 교사 또는 중등 수학교사들은 실제적인 아이디어나 정보를 얻을 수 있는 자료나 연수 기회를 찾고 있지만, 교사들의 요구를 충족시킬 만큼 체계적인 자료들이 많지 않다. 역자들은 그 동안 예비 초등 교사나 수학교사 교육을 담당하면서 적절한 자료들을 찾던 중 최근에 출간된 유용한 자료들을 발견하게 되었다.

본 내비게이션 시리즈는 수학에 관심이 있는 교사라면 이미 알고 있을 책으로 2000년에 미국수학교사협의회(NCTM)에서 발간한 ≪학교 수학의 원리와 규준≫(Principles and Standards for School Mathematics)에 제안되어 있는 내용을 교사가 교실의 학습 활동을 통하여 실현할 수 있도록 돕기 위해 구체적이고 실제적인 자료들을 각 영역과 학년군별로 나누어 제시한 책이다. 이 시리즈는 영역별로 적용 가능한 자료들을 교사에게 제공하고 있는데, 특히 책의 마지막 부분에는 복사하여 유용하게 사용할 수 있도록 학습 활동지가 첨부되어 있다. 또한 교사가 좀더 심층적인 자료를 찾아서 읽어 볼 수 있도록 관련 자료의 출처와 원문을 CD에 실어 참고할 수 있게 하고 있다.

이 책은 크게 3개의 장으로 구성되어 있는데 유아 · 유치원에서부터 초등학교 2학년까지의 과정에서 적용해볼 수 있는 패턴, 변수와 등식(等式), 관계와 함수에 관한 학습활동을 통해 각 학년별 수준에 맞게 대수의 개념을 지도할 수 있도록 다양한 자료를 제공하고 있다. 각 학습 활동은 요약, 학습 목표, 사전 지식, 학습 자료 및 교구, 활동, 토론으로 구성되어 있는데, 이 중에서 특히 '활동'은 도입하기, 탐구하기, 확장하기로 세분해서 학생들이 제시된 순서에 따라 주어진 주제를 자연스럽게 학습하고 점진적으로 확장해 보게 하고 있다. 각 페이지 양쪽에는 한눈에 알아볼 수 있는 아이콘과 함께 ≪학교수학의 원리와 규준≫, 학습 활동지의 쪽수를 제시하고 있고 좀더 심층적인 연구를 할 수 있도록 논문 등 관련 자료에 대한 정보를 소개한다.

이 책의 각 장에서는 수학적 모델의 활용과 수학적 상황 및 구조의 표현 · 분석에 관한 요소들을 대수적인 개념과 어떻게 연결시킬 수 있는지를 주제로 다루고 있다. 이들 활동들은 학생들이 대수적 아이디어를 이해할 수 있도록 구체적인 조작물을 가지고 하는 활동, 그림이나 표 또는 그래프의 사용, 말로 표현하는 활동, 식으로 나타내는 활동 등 다양한 표현체계를 활용하여 표현해볼 수 있도록 함으로써 이들 다양한 표현 사이에서 나타날 수 있는 상호관계를 알아보게 하고 대수적인 사고를 좀더 깊게 이해할 수 있도록 하고 있다.

교사들은 지도하고자 하는 학습 주제에 관련된 내용을 살펴보고, 적용 가능한 자료를 수업 전에 미리 찾아 우리나라의 상황에 맞게 재구성해볼 수도 있을 것이다. 역자들은 원본에서 표현하고자 한 본래의 의미를 훼손하지 않는 범위 내에서 용어들을 번안하려고 최대한의 노력을 했지만, 우리나라에서 흔히 사용되지 않는 용어들로 인하여 독자들이 다소 생소하거나 어색하게 느낄 수도 있다고 본다.

원리적인 측면에서 볼 때 교육과정에서 제안하고 규정하고 있는 어떤 원리나 개념을 지도하게 될 때, 특히 초등학교 학생들에게는 실질적인 수학적 활동을 통하여 핵심적인 수학 개념을 이해하고 이를 발전시킬 수 있는 기회를 제공해주어야 한다. 이를 위해서는 학생들이 먼저 수학의 본래 개념에 더 충실할 수 있고 수학에 대한 흥미를 가질 수 있도록 수학적인 의미가 내포된 활동을 잘 선택하여 제공하는 것이 무엇보다도 중요하다. 동시에 학습 활동의 내용이 각 학생 나름대로 어떤 의미를 부여할 수 있도록 하는 것도 중요하다. 여기에서 중요한 관건은 해당 개념에 대하여 어떤 자료를 사용하여 어떤 순서로 어떻게 지도하는가이다.

이 책에 나오는 각 주제 사이의 상호작용은 대단히 역동적이며 여러 가지 서로 관련된 학습 활동들을 통하여 학생들이 점진적으로 대수에 대해 세련되고 깊이 있는 이해를 할 수 있도록 하고 있다. 이 책에서 제안하고 있는 다양한 활동과 표현 방법들은 학생들로 하여금 수학적인 아이디어와 표현을 유기적으로 관련지어 볼 수 있도록 하여 수학적 다양성을 인지하게 하고 좀더 추상적인 대수의 개념을 이해할 수 있도록 하고 있다.

아무쪼록 이 책이 더 재미있고 효과적이며 충실한 수학교육을 실현할 수 있도록 오늘도 학습 현장에서 수학공부에 별 흥미를 느끼지 못하는 학생들을 지도하느라 수고하고 계시는 많은 선생님들에게 신선한 아이디어를 제공하는 자료가 될 수 있다면 역자들에게는 큰 보람이 될 것이다. 끝으로 이 책이 번역되어 나오기까지 세심하게 다듬어 준 경문사 편집부에 감사를 드린다.

옮긴이 일동

이 책에 대하여

≪유아·유치원-초등 2학년의 대수와 함께하는 여행≫(Navigating through Algebra in Prekindergarten-Grade 2)은 4권의 학년대별 책 중에서 그 첫 번째 책으로 대수와 관련된 몇 가지 근본적인 아이디어를 어떻게 소개하고, 개발하며, 확장시킬 수 있는지를 보여주고 있다. 이 책은 서론에서 유아·유치원 과정에서부터 고등학교 3학년까지의 기간에 대수적 추론을 어떻게 개발할 수 있는지에 대한 개관을 서술하고 있다. 서론에 이어지는 각 세 장은 대수에 대한 기본적인 아이디어에 초점을 맞추고 있다. 1장은 반복 패턴과 성장 패턴을 다루고, 2장은 변수와 등식(等式)을 다루며, 3장은 관계와 함수를 소개하고 있다.

각 장은 대수의 기본적인 아이디어에 대한 논의로 시작하는데 이후에 이 아이디어를 소개하고 친숙성을 촉진하는 학생들의 활동이 이어지게 된다. 각 활동에 대하여 권장하는 학년 수준을 알려주고 달성해야 할 목표, 선행 기능과 지식, 그리고 그 활동들을 수행하는 데 필요한 자료들이 제시된다. 몇몇 활동은 활동지를 함께 사용해야 하는데 이것은 아이콘으로 표시하고 자료 목록에 제시하고 있어서 부록에서 찾을 수 있도록 하고 있다. 그리고 이것들은 이 책과 함께 제공하는 CD-ROM에서 인쇄하여 사용할 수 있도록 하고 있다. 그리고 CD-ROM에는 이와 관련된 내용에 대해 아이콘으로 표시되어 있으며 학생들이 직접 조작해볼 수 있는 세 개의 애플릿이 있고 교사 교육을 위한 자료도 포함하고 있다.

모든 활동은 똑같은 형식으로 되어 있다. 각각은 3개의 부분으로 되어 있다. 즉 '참여하기', '탐구하기', '확장하기'이다. '참여하기' 부분은 학생들의 흥미를 끌 수 있도록 고안된 과제를 제시한다. '탐구하기'는 모든 학생이 해야만 하는 핵심적인 탐구를 제시한다. '확장하기'는 계속적인 관심을 보이고 좀더 도전적인 수학을 하기 원하는 학생들을 위한 부가적인 활동을 제시한다. 여백에 써 놓은 것은 학습 지도를 위한 도움말, 활동이나 질문에 대하여

아이콘의 종류

원리와 규준

학습 활동지

CD-ROM

위와 같이 세 개의 다른 아이콘이 있다. **원리와 규준**은 ≪학교수학의 원리와 규준≫에서 인용된 자료를 가리키고 **학습 활동지**는 학습 활동지를 가리키며 이것이 부록의 어디에 있는지 그 위치를 알려준다. 마지막으로 **CD-ROM**은 이 책과 함께 딸려 있는 CD-ROM에 있는 보충자료를 나타낸다.

예상되는 학생들의 반응, 책에 있는 CD-ROM에 포함된 자료에 대한 참고문헌, 그리고 ≪학교수학의 규준과 원리≫(NCTM, 2000)의 인용을 포함한다. 각 활동에 대한 평가 아이디어는 학생들을 평가하고, 학생들의 수행에 대한 통찰을 제공하고, 어려움을 겪거나 좀더 심화된 활동을 필요로 하는 학생들을 위해 그 활동을 변형하는 방법을 제공한다. 마지막으로, 관련 있는 학습 지도법 주제들과 연결시키는 활동에 대한 아이디어를 제공한다.

유의 사항 : 이 책은 해당 학년 수준에서의 대수적 추론을 위한 완벽한 교육과정을 제공하기 위한 것이 아니다. 오히려 이 책은 다양한 학습 지도법을 다른 자료들과 함께 사용할 수 있도록 여러 가지 활동을 모아 제공하고 있다고 할 수 있다.

차례

서론

Navigations Series Prekindergarten-Grade 2

역사적으로 볼 때 대수학은 수학의 주춧돌 역할을 해왔고 대수적 사고는 수학의 밑바탕에 깊이 뿌리박고 있다. 또한 대수는 현대수학과 많은 분야에서 수학을 응용하는 데 여전히 중요한 위치를 차지하고 있다. 따라서 대수가 ≪학교수학의 원리와 규준≫(NCTM, 2000)에서 중심 주제 가운데 하나로 제기되었다는 점은 놀라운 일이 아니다. 그러나 학교 교육과정에서 대수는 추상적이고 어려운 과목으로 잘못 인식되어 고등수학을 학습하고자 하는 학생 일부분만이 학습하는 것으로 알려져 있다. 사실 대수와 대수적 사고는 초기부터 시작하는 것으로써 모든 학생들의 기본교육에 중심이 되는 역할을 한다.

대수는 흔히 '산술의 일반화'로 묘사된다. 실제로 대수적 사고는 산술적 사고의 자연스러운 확장이다. 산술과 대수 모두 우리가 살아가는 세계 속에서 관찰되는 중요한 관계를 묘사하는 데 유용하다. 그러나 산술이 현상에 대해 정적인 측면의 묘사에 효과적이라면, 대수는 역동적이며 변화하는 현상을 묘사하는 데 필요한 도구이다. 아주 나이 어린 아이들도 변화의 중요성을 느끼며 변화를 묘사하고 예측할 필요성을 깨달을 수 있다.

대수적 사고는 매우 어린 나이에 시작되어 성장과 함께 확장되고 심화되어 성숙해간다. 그리고 정규 학교 교육이 끝난 후에도 유용하게 활용된다. 이를 위해 대수 교육과정은 일관성 있게 구성되어야 하고 발달을 지향해야 한다. 그리고 중요한 수학적 개념에 근거하여 모든 학년에 걸쳐 잘 조직화되어야 한다.

내비게이션 시리즈는 ≪학교수학의 원리와 규준≫에 제시된 다섯 영역을 통해 원리와 규준을 현장에 구현하고 교과 내용이 전 학년 영역에 걸쳐 확장 및 통합되는 과정을 예시하고자 한다. 대수 교육과정으로의 이 시리즈는 대수적 개념을 어떻게 도입하여 어떻게 전개할 것이며, 각 학년 과정을 통해 학생들이 무엇을 성취하기를 기대하고, 학생들의 지식을 어떻게 평가하며, 채택된 수업 활동이 어떻게 학습에 기여할 수 있는지에 대한 NCTM의 관점을 반영한다.

대수적 사고의 기본 요소

대수 규준은 다양한 양 사이의 관계와 양이 상호 관련 속에서 변화하는 방법을 중요하게 다룬다. 대수적 사고에 필수적인 능력은 다음과 같다.

1. 규칙성, 관계, 함수를 이해할 수 있다.
2. 대수적 기호를 이용하여 수학적 상황과 구조를 표현하고 분석할 수 있다.
3. 양적 관계를 표현하고 이해하기 위해 수학적 모델을 이용할 수 있다.
4. 다양한 상황에서의 변화를 분석할 수 있다.

이들 각각의 기본 요소는 학생이 성장하고 성숙해가면서 함께 진화한다. 이어서 위에서 제시한 능력의 특징을 발달단계별로 자세하게 제시한다.

1. 규칙성, 관계, 그리고 함수의 이해

유아 단계

- 색깔, 크기, 형태, 디자인, 단어, 음절, 음악 소리, 리듬, 움직임, 물리적 대상 등에 대한 경험을 통해 세계 속에서 규칙성을 탐구하기 시작한다.
- 규칙성을 관찰, 묘사, 반복, 확장, 비교하고 창조한다.
- 다양한 특징에 따라 사물을 분류하고 순서를 짓는다.
- 다음에 무엇이 올지 예상하고, 규칙성에서 빠진 것이 무엇인지 알아낸다.

- 규칙성의 유형(예를 들어, 점점 커지는 규칙성인지 반복되는 규칙성인지)을 구분하는 것을 배운다.

초등학교 고학년 단계

- 수, 그래프, 기호, 언어를 이용하여 규칙을 표현하는 방법을 학습한다.
- 수치적 및 기하학적 규칙성 속의 관계를 탐색하고 그 규칙성이 어떻게 발전해가고 변화하는지 분석하는 것을 학습한다.
- 표, 차트, 물리적 사물, 기호를 이용하여 규칙성에 대한 일반화를 만들어내고 설명한다.
- 규칙성 사이의 관계를 이용하여 예측한다.

중학교 단계

- 선형 관계(일정한 변화율) 규칙성을 강조하여 표, 그래프, 언어 또는 기호로 제시된 표현을 탐구한다.
- 기호와 그래프를 관련지을 수 있고, 기울기와 y절편의 의미에 대한 이해를 발전시킨다.
- "만일…이라면, 어떻게 될까?"라는 질문을 통해 규칙성이 어떻게 변화하는지 탐구하고 선형 규칙성과 비선형 규칙성을 구분한다.

고등학교 단계

- 점점 더 복잡한 규칙성, 관계, 함수를 일반화하고 분석할 수 있도록 표, 기호, 그래프, 언어적 표현을 만들어내고 활용하며 다양한 표현들을 유연하게 상호 전환할 수 있다.
- 다른 유형의 함수에 의해 모델화된 상황을 비교하면서 다양한 종류의 함수(선형함수와 비선형함수)와 그 성질에 대한 이해를 발달시켜간다.
- 대수적 이해가 점점 확장되어 하나 이상의 변수와 관련된 함수의 범주를 넘어서고 합성과 역변환과 같은 변환을 수행하는 것을 학습한다.

2. 대수적 기호를 이용한 수학적 상황과 구조의 표현 및 분석

유아 단계

- 덧셈의 교환법칙과 같은 수학적 특징을 사물이나 구체적 수를 통해 설명할 수 있다.
- 사물, 그림, 언어, 기호를 이용하여 동등의 관계를 포함한 수학적 아이디어와 관계를 표현하고 문제를 해결한다.
- 양을 다양한 방법으로 묘사하고 표현하도록 할 때, 두 표현이 동치임을 깨닫고 그들의 아이디어를 전달하기 위해 기호를 사용하는 능력을 확장해간다.

초등학교 고학년 단계

- 수학적 특성을 탐구, 표현, 묘사하고 설명한다.
- 관계를 일반화하기 시작하고 일반화된 관계를 범자연수 계산에 이용한다.
- 상자, 문자 또는 그 밖의 기호를 이용하여 변화하는 양을 표현할 수 있는 변수 개념을 이해하게 되고 그 유용성을 깨닫기 시작한다.
- 변수를 이용하여 두 양을 연관시키거나 방정식을 이용하여 관계를 표현하는 것을 학습한다.

중학교 단계

- 학생들은 일반화된 규칙성, 공식, 등식, 수학적 특징의 표현, 방정식, 그리고 부등식에서 변화하는 양으로써 변수의 또 다른 활용의 경우를 접하게 된다.
- 한 변수가 다른 변수와 상호 관련되어 변화하는 상황에서 종속성과 독립성의 개념을 탐구한다.
- 수학적 표현의 동치성을 인식할 수 있는 능력을 발달시키고 이를 활용하여 수식의 변환, 문제해결, 그리고 그래프, 표, 기호를 이용한 표현을 할 수 있도록 한다.
- 일차방정식을 다루는 능력을 향상시키고, 기울기와 y절편이 직선에 어떤 영향을 주는지 보일 수 있다.

고등학교 단계

- 수학적 기호에 대한 유창성이 지속적으로 발달하며 문제해결에서 대수적 표현을 능숙하게 다루게 된다.
- 표현능력은 방정식, 부등식, 연립방정식, 그래프, 행렬, 함수 등으로 확장되고 특정 상황에서 다양한 표현방법의 장점과 단점을 각각 설명할 수 있다.
- 기호와 그 밖의 대체적 표현에 대한 능력은 수학적 상황의 분석, 적절한 모델의 선정, 적당한 풀이 방법의 선택, 그리고 풀이의 개연성을 평가하도록 한다.

3. 양적 관계를 표현하고 이해하기 위해 수학적 모델 이용하기

유아 단계

- 사물이나 그림을 이용하는 것을 학습하고, 결국 어느 수준에 도달하면 기호를 이용하여 범자연수의 덧셈이나 뺄셈이 포함된 이야기나 모델 상황을 꾸며낼 수 있다.

초등학교 고학년 단계

- 수학을 이용하여 수치적이고 기하학적 규칙성, 과학적 실험, 그리고 그 외의 물리적 상황의 모델을 만드는 것이 가능함을 인식하기 시작한다.
- 수학적 모델이 현상의 묘사뿐만 아니라 예상하는 힘을 가지고 있음을 발견하게 된다.
- 관계를 표현하기 위해 그래프, 표, 방정식을 사용하고 결론을 이끌어내기 위해 모델을 이용하면서, 학생들은 다양한 모델을 비교하고 특정 상황에 다양한 모델들이 동일한 결과를 만들어내는지 여부를 탐구한다.

중학교 단계

- 그래프, 표, 방정식 등의 다양한 표현방법을 통해 모델화되고 해결될 수 있는 맥락화된 문제를 탐구한다.
- 교육공학 도구를 활용하여 변화의 규칙성을 모델화하는 데 함수를 사용하는 것을 학습한다. 그 가운데는 실생활 자료를 생성하

고 표현하는 것도 포함된다.

- 물론 선형 관계에 의해 모델화될 수 있는 상황도 강조하지만, 비선형 관계의 예를 탐구하고 그들의 모델을 이용하여 가설을 만들고 검증한다.

고등학교 단계

- 주어진 상황에서 핵심적인 양적 관계를 추출하고 그 관계를 모델화할 수 있는 함수의 유형을 결정하는 능력을 발달시켜간다.
- 기호적 표현을 이용하여 다양한 맥락에서 출현하는 관계를 표현하게 된다. 이러한 것에는 자료를 생성하고 이용하는 상황도 포함된다.
- 상황에 대한 모델을 이용하여 관계에 대한 가설을 세우고, 그 가설을 검증하며 모델을 만들고자 하는 상황에 대한 결론을 이끌어낸다.

4. 다양한 맥락 속의 변화 분석

유아 단계

- 환경 속에서 변화의 예를 인식하고 변화를 '점점 커진다', '점점 차가워진다', '점점 어두워진다', '점점 무거워진다'와 같은 질적인 용어를 사용하여 묘사하게 된다.
- 변화에 대해 양을 측정하고 비교함으로써 온도의 변화, 교실에서 키우는 식물이나 애완동물의 성장 등을 이용하여 양적으로 기술하는 것을 학습한다.
- 어떤 변화는 예상 가능하지만 어떤 경우는 그렇지 않다는 것을 학습하고 대부분의 변화하는 상황은 수학적으로 묘사할 수 있다는 것을 학습한다.

초등학교 고학년 단계

- 변화는 양을 수, 표, 그래프를 통해 표현하고, 대부분의 변화 규칙성이 추의 무게에 따라 스프링의 길이가 변화하는 경우에서와 같이 하나 이상의 양과 관련되어 있다는 것을 관찰한다.
- 변화의 규칙성에서 차이를 학습하기 시작하고 일정비율로 변화하는 경우와 변화의 비율이 변동하는 변화의 경우를 비교한다. 한 자루에 200원 하는 연필을 사는 경우는 일정비율로 변화하는 예이고, 식물이 해가 바뀌면서 자라는 경우는 변동하는 변화의 경우이다.

중학교 단계

- 변화하는 양과 관련된 다양한 예와 그러한 변화를 표현하는 그래프를 탐구한다.
- 그래프에 나타난 관계에 대한 질문에 답하고 누적량과 변화율을 구분하는 것을 학습한다.
- 변화율과 같은 매개변수를 변화시키면서 그래프, 방정식, 표에서 나타나는 변화를 관찰할 수 있다.

고등학교 단계

- 수학적 양이 변화하는 방법, 그리고 특히 변화율 개념에 대한 이해를 심화시켜간다.
- 다양한 수학적 상황과 실세계 현상을 탐구하면서 변화하는 관계를 분석하고 의미를 해석한다.
- 그래프와 수치 자료에 나타난 변화와 변화율을 해석하고 대수적 기술과 적절한 테크놀로지를 이용하여 역동적 상황의 모델을 만들고 평가한다.

대수 교육과정 개발

≪학교수학의 원리와 규준≫(NCTM, 2000)과 위에 제시된 대수적 사고의 개발을 촉진하는 대수 교육과정은 일관적이고, 집약적이며, 명확히 진술되어야 한다. 대수 교육과정은 수업이나 활동의 단순 배열이 아니라 발달적이고 연관성을 가지고 있어야 한다. 초기에 도입되는 수학적 아이디어는 심화되고 확장되어야 한다. 따라서 후속 수업은 선행 수업을 통해 형성된 기초에 연결되어야 하고 그 기초 위에 구성되어야 한다. 학생들은 교육과정을 통해 진급하면서 지속적으로 좀더 정교한 대수적 사고를 학습하고 그 응용을 통해 학교, 가정, 삶의 다양한 상황에서 문제를 해결하도록 촉구되어야 한다.

본 내비게이션 시리즈는 완벽한 대수 교육과정을 기술하는 것이 아니며 그렇게 시도하지도 않았다. 그보다는 대수 규준에 의한 네 개의 내비게이션은 몇몇 선별된 대수 분야의 주요 아이디어를 유치원에서 고등학교 3학년에 이르기까지 어떻게 전개할 것인지 예시하고자 한다. 나아가 대수, 기하, 자료 분석과 같은 수학 교육과정의 주요 주제들은 서로 내적으로 연결되어 있고, 한 주제 분야에서 제시된 개념이 다른 문맥에서 등장하게 될 때 더 심도 있게 발전되도록 한다. 따라서 ≪학교수학의 원리와 규준≫(NCTM, 2000)의 다른 부분에 대하여 장래에 만들어질 내비게이션은 대수 교육 목적을 강화할 것이고 반대로 이런 목적이 장래에 만들어질 내비게이션을 강화하게 될 것이다.

대수적 방법과 아이디어는 현대 사회에서 요구하는 수학적 소양의 필수적 요소이며, 교육과정에서 대수 분야는 ≪학교수학의 원리와 규준≫이 제시한 수학교육에 대한 관점에서 중추적 위치를 차지하고 있다. 이들 내비게이션은 수학교육자가 중요한 대수 규준을 성공적으로 교과지도에서 실현하는 데 안내서의 역할을 하고자 한다.

CHAPTER 01

패턴

Navigations Series Prekindergarten-Grade 2

이르면 세 살 반 정도부터 아동들은 패턴에 대해 관심을 갖기 시작한다. Ginsburg와 그 동료들(출간 예정)이 발표한 '아동들의 자유 놀이에서 표현되는 수학적 행동에 관한 연구' 에서는 패턴 놀이가 다른 어떤 유형의 활동보다도 아동들의 자유 놀이에서 더 빈번하게 발생한다는 결과를 보여주었으며, 이는 인종, 성별, 사회적 계층에 상관없이 모든 아동을 상대로 한 다른 연구 결과에서도 사실인 것으로 보고된 바 있다. 이와 같은 연구 결과를 토대로 패턴 인식과 일반화는 대수적 사고의 중심 요소가 된다는 점을 감안하여 이 장에서는 아동들이 패턴을 복사, 완성, 연장, 설명, 일반화하고, 이와 더불어 반복 패턴과 성장 패턴을 만들어낼 수 있는 능력을 기를 수 있도록 하는 데 중점을 두었다. 패턴 속에 앞뒤로 짝지어져 있는 요소들의 관계를 주의 깊게 분석해봄으로써 아동들은 "다음에 무엇이 올것인가"를 예측할 수 있는 능력을 키우게 된다. 그들은 또한 다양한 방법으로 패턴을 표현해보고 이들 여러 가지 다른 표현(representations) 간에 서로 전환해보는 것을 배운다.

반복 패턴

패턴의 반복 활동에서 중점이 되는 것은 주기적 성질을 반복시키는 것과 주기 상에 있는 요소를 확인해보는 것이다. 예를 들어, A, B, C, A, B, C, A, B, C, A, … 패턴 상에는 각 주기 속에 A, B, C 이런 세 요소가 들어 있으며, 이들 요소는 반복될 때마다 같은 순서로 나타난다. 이와 같은 정보를 가지고 학생들은 여러 가지 다른 모양으로 표현할 수 있는 ABC 패턴, 즉 네모, 세모, 원, 네모, 세모,

원, …, 1, 2, 3, 1, 2, 3, …, 짝짝, 톡톡, 딱딱, 짝짝, 톡톡, 딱딱, … 또는 도, 레, 미, 도, 레, 미, … 등과 같이 세 가지 요소로 반복되는 패턴을 만들어낼 수 있다. 학생들은 패턴에서 30번째에 이르게 될 때 패턴의 한 요소인 'A'가 과연 몇 개 필요하게 되는지 결정해보는 좀더 어려운 수준의 문제까지도 풀어볼 수 있게 된다.

학생들이 더 어려운 수준에 도달하게 되면 패턴 상에 있는 한 요소가 지닌 관계와 그의 위치를 조사해볼 수 있고 패턴을 연장시킬 수도 있게 되며, 그 정보를 이용하여 그 다음에는 순서 상 무엇이 와야 하는지를 추측할 수 있게 된다. 아래의 반복 패턴을 눈여겨보기 바란다.

	A	B	A	B	A	B	A	…
수 위치	1	2	3	4	5	6	7	…

학생들은 글자 "A"가 있는 위치를 파악할 수 있게 되며 A가 있는 곳에는 모두 홀수가 있다는 것을 알게 되어 99번째에 오는 글자도 A일 것이라 거의 확실하게 짐작할 수 있다.

학생들은 '광대 아저씨 줄세우기', '발자국 패턴', '위에는 무엇이 있을까?' 등과 같은 학습 활동을 통하여 색깔, 모양, 이동, 숫자를 반복시키는 패턴을 만들어볼 수 있고, 이들의 패턴을 여러 가지 방법으로 전환하여 표현할 수 있는 이해력을 발달시킬 수 있게 된다. 또한 이 활동을 해봄으로써 학생들은 특정한 패턴 속에 있는 그 요소들이 어떤 위치에 어떻게 배열되는지를 배울 수 있게 된다.

성장 패턴

성장 패턴은 반복 패턴과는 달리 패턴 속에 쌍으로 된 요소들 사이에 산술적인 변화를 보여준다. 즉, 세는 순서 1, 2, 3, 4, …는 성장 패턴의 한 예이다. 수의 쌍은 서로 하나씩 그 차이를 보이며 수는 순서대로 증가한다. 마찬가지로 다섯씩 띄어 세기와 열씩 띄어 세기도 성장 패턴 중의 하나이다. 하나씩 세는 것도 성장 패턴이라는 것과 십 이상의 숫자를 셀 때에도 숫자가 주기적으로 나타난다는 것을 주지할 수 있어야 한다. 예를 들어, 21, 22, 23, 24, …, 31, 32, 33, 34를 한번 보고 잘 생각해본다. 일의 자리와 십의 자리에

1에서 9까지의 숫자를 보고 둘 다 모두 성장 패턴이라는 것을 학생들이 인식할 수 있도록 하면 그 다음에 오는 수를 순서대로 기억하면서 수를 셀 수 있게 될 것이다. **성장**이라는 단어가 반복 패턴과 차별화될 수 있도록 해주겠지만, 성장 패턴에는 수의 순서가 낮아지거나 건축물 크기가 작아지는 경우도 볼 수가 있다. 예를 들면, 100, 99, 98, 97, … 이와 같은 수의 패턴이 그 부류에 속한다.

각 요소의 쌍 사이에서 볼 수 있는 변화를 학생들이 인식할 수 있도록 도와주기 위하여 기하학적인 요소를 사용한 성장 패턴이 자주 등장한다. 즉, 성장 패턴을 만들기 위해 아래와 같이 정사각형을 이용한다.

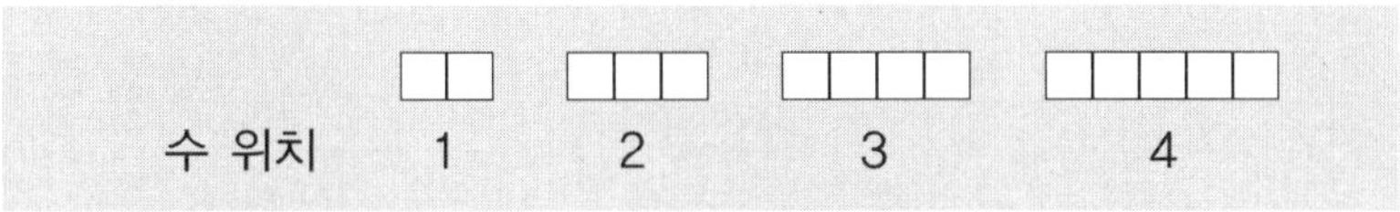

학생들은 이와 같은 패턴을 조사해보면서 그 첫 번째 자리에는 정사각형 2개, 두 번째 자리에는 정사각형 3개, 세 번째 자리에는 4개, 네 번째 자리에는 정사각형 5개가 들어가 있다는 것을 볼 수 있다. 이와 같은 관찰을 통해 학생들은 패턴을 알아보고, 설명하고, 정사각형의 수(예, 수 20번째 자리에 들어갈 정사각형의 수)를 결정할 수 있게 된다. ("정사각형의 수가 수의 위치보다 하나씩 더 많다.")

성장 패턴을 일반화해본다면, 정사각형의 수는 위치를 나타내는 수보다 하나가 더 많다는 것으로 말할 수 있으며, 이는 즉 함수가 된다. 만약 P가 수의 위치를 나타낸다면 $P+1$은 해당 수 위치에 있는 정사각형의 수를 나타낸다. 여기에서 보는 바와 같이 성장 패턴을 분석해보고 설명해봄으로써 이는 패턴에서의 중요한 아이디어와 이들 변수와 함수 사이를 자연스럽게 연결시켜주는 작용을 하게 된다.

학생들은 '작은 바위 위에 아기 뱀', '발자국 패턴', '숫자 길 따라가기', '어떻게 성장할까?', '건너뛰기 패턴' 등의 학습 활동을 통해 성장 패턴을 탐구하고, 복사하고, 확장하고, 설명해볼 수 있게 된다. 학생들은 이와 같은 패턴을 어떻게 만들 수 있는가 하는 방법과 패턴 속의 요소와 그 위치의 순서 간의 관계를 어떻게 일반화시킬 수 있는지를 조사하게 된다. 성장 패턴의 한 예로써, 특히 숫자 세기와 "상상으로 숫자 세기(fancy counting)" (예, 둘씩, 다섯씩, 열씩 띄어 세기) 등에 주의를 기울여야 한다.

학생 성취에 대한 기대

학생들이 초등학교 2학년 말에 이르게 되면 반복되는 색, 모양, 수, 글자 또는 동작이 되풀이되는 요소들의 집합을 분별할 수 있게 되고, 패턴 상 "다음에 무엇이 올 것인가"를 추측하고 패턴을 계속해서 연장시킬 수 있어야 한다. 일정한 비율로 성장하거나 감소하는 한 패턴의 계속적인 요소들 간의 변화도 설명할 수 있어야 한다. 이와 같이 언어를 사용하여 패턴을 서술할 수 있게 되면 학생들이 고학년이 되면서 기호와 그래프를 사용하여 표현할 수 있는 단계로 발전하게 된다. 학생들은 간단한 반복 패턴과 성장 패턴을 통해 그 패턴 상의 한 요소와 패턴 속에 있는 그 요소의 위치에는 어떤 관계가 성립된다는 것을 인식할 수 있어야 한다.

광대 아저씨 줄세우기

유아원-유치원

크기와 수, 그리고 다른 여러 가지 성질에 따라 구별하고, 분류하고, 순서대로 사물을 배열해보라.

요약

학생들이 광대 그림을 구별하고 분류해보며 광대 패턴을 서술하고 그 패턴을 연장해보고 스스로 패턴을 만들어본다. 자신들이 만든 패턴을 글자, 소리, 동작(movement)을 이용하여 다른 형태로 전환시켜 본다.

학습 목표

- 반복되는 패턴을 분별하고 연장시키며 새로운 패턴을 창조한다.
- 패턴 속에서 빠진 요소를 찾아내고 왜 그 요소가 들어가야 하는지를 설명할 수 있어야 한다.
- 글자와 동작을 사용하여 패턴을 다른 형태로 전환시킨다.

사전 지식

- 물체 10개까지 세기
- 색 분별하기
- 색에 따라 구별하고 분류하기
- 패턴 속에서 **첫 번째**, **두 번째**, **마지막**, 그리고 **다음** 요소를 알아내기

학습 자료 및 교구

- [광대 그림] 학습 활동지
  일반 또는 두꺼운 종이에 학습 활동지를 복사한다. 그림의 가장자리인 정사각형 틀을 따라 그림을 오려낸다. 세 가지 다른 색으로 된 광대 그림, 즉 각 색깔마다 7개씩 세 가지 색 모두 합쳐 총 21개의 광대 그림이 각 학생들에게 필요하다. 학생들로 하여금 광대 그림에 색칠을 하게 하거나 광대 그림을 색종이에 복사해서 쓸 수도 있다.
- 크레용
- 풀
- 공작용 색 도화지 3장 (각기 다른 색)
- 각 학생당 60센티미터 길이의 긴 공작용 색 도화지
- 학생 2인당 표지로 사용할 가로 6센티미터, 세로 9센티미터의 짙은 색 공작용 도화지 3장씩 필요

94쪽

스티커, 우표, 작은 색 스펀지 모양과 같은 여러 가지 다른 물체를 사용하여 이 활동을 할 수도 있다.

활동

도입하기

학생들에게 다음과 같은 광대 아저씨 패턴을 보여준다.

빨강, 파랑, 파랑, 노랑, 빨강, 파랑, 파랑, 노랑, 빨강, 파랑 파랑, 노랑

광대 아저씨 그림을 하나하나씩 색깔대로 구별하여 갈라놓으면서 "자, 여기 내가 만든 반복 패턴을 한번 보세요. 빨강, 파랑, 파랑, 노랑, 빨강, 파랑, 파랑, 노랑, 빨강, 파랑, 파랑, 노랑이군요. 내가 만든 패턴 속에는 각 부분마다 빨강 하나, 파랑 2개, 노랑 하나가 반복되는군요."라고 말한다.

패턴을 찾기까지는 요소의 반복이 최소한 두 번(예를 들어, 총 세 집합의 요소) 나타나야 한다는 것을 학생들에게 확실히 알려주기 위해 처음 2개의 그림을 제외한 나머지 모든 그림을 가리고, "내 패턴이 무엇인지 알 수 있나요?" 하고 물어본다. (모르겠는데요.) " 왜 모르겠나요?" (다음에 무엇이 올지 알 수 있을 만큼 광대 그림이 충분하지 않아요.) 학생들이 다음에 어떤 그림이 오는지 말할 수 있을 때까지 계속하여 패턴을 보여주고 질문을 한다. 몇 개의 광대 그림을 봐야 패턴을 파악할 수 있는지 이야기해본다.

탐구하기

학생들에게 세 가지 색깔의 광대 그림을 가지고 패턴을 만들어보라고 한다. "광대 아저씨 그림을 가지고 반복되는 패턴을 한번 만들어봅시다. 최소한 9개의 광대 아저씨 그림을 패턴 속에 사용해야 합니다. 패턴의 각 부분이 반복되어야만 한다는 점을 명심하세요." 라고 말한다. 자신이 만든 패턴을 각자가 속한 모둠원들에게 보여주고 서로 이야기해보도록 격려한다. 충분한 시간을 주어 좀더 복잡한 패턴을 만들어보도록 한다. 학생들이 만든 패턴을 점검해본 후, 길게 자른 공작용 도화지에 자신들이 만든 패턴을 풀로 붙이도록 하여 이것을 "패턴 가리기" 게임을 할 때 사용하도록 한다.

학생들을 두 명씩 짝지어 "패턴 가리기" 게임을 하도록 한다. 한 학생은 패턴을 만들고 다른 학생은 패턴을 찾도록 한다. 패턴을 찾는 사람은 눈을 감고 있고, 패턴을 만드는 사람은 공작용 도화지로 만든 가리개를 이용하여 패턴 속에 있는 광대 아저씨 그림 하나를 가린다. 패턴을 찾는 사람은 가려진 광대 아저씨 그림의 색깔을 맞춰야 한다. 학생들이 서로 역할을 바꿔가면서 이 게임을 되풀이 하도록 한다.

학생들이 게임을 시작하기 전에 여러 가지 다른 색깔의 그림을 바꾸어 가려 보면서 게임을 하는 방법을 가르쳐 준다. 학생들이 좀 더 도전적인 게임을 해볼 수 있도록 패턴 속에 있는 광대 아저씨 그림을 한 개 이상 가려 보아도 좋다.

학생들이 게임을 마친 후, 광대 아저씨 그림을 최소한 20개를 이용하여 자신들이 만든 패턴을 계속 연장해보도록 한다. 길게 연장된 패턴을 완성하게 되면 처음부터 8번째, 10번째, 20번째까지의 광대 아저씨 그림에 각 색깔별로 몇 개의 광대 아저씨 그림을

학생들이 자유 놀이 시간에 "패턴 가리기" 놀이를 할 수 있도록 좀더 긴 패턴을 만들 수 있는 교구와 가리개들을 마련해 두는 게 좋다.

사용하였는지 이야기해보게 한다. 학생들에게 패턴을 계속해서 연장하는 상상을 한번 해보라고 한 후 21번째, 25번째, 30번째 광대 아저씨의 색은 무슨 색일지 예측해보도록 한다. 반드시 학생들 스스로 예측한 논리를 서로 이야기해볼 수 있도록 한다.

확장하기

학생들이 반복 패턴 작업을 확장해볼 수 있도록 똑같은 패턴을 가지고 여러 가지 다른 방법으로 표현할 수 있다는 것을 인식하도록 도와준다. 예를 들어, 패턴 하나는 광대 아저씨의 색으로 되어 있고 다른 하나는 글자로 표현되어 있는 다음과 같은 두 가지 패턴을 보여준다.

> **빨강, 빨강, 노랑, 빨강, 빨강, 노랑, 빨강, 빨강, 노랑**
> A, A, B, A, A, B, A, A, B

패턴이 서로 어떻게 다른지(색깔 대 글자), 어떻게 유사한지 이야기해본다. (2개의 색 또는 글자 뒤에 다른 색이나 글자 하나가 있다. 둘-하나 패턴이 반복된다.) 손뼉치기, 손뼉치기, 위로 뛰기, 손뼉치기, 손뼉치기, 위로 뛰기, 손뼉치기, 손뼉치기, 위로 뛰기와 같은 동작 패턴을 보여준다. 이 같은 동작 패턴은 색깔이나 글자 패턴과는 서로 어떻게 같고 다른지에 대하여 학생들과 이야기해본다. 학생들이 직접 만든 패턴을 가지고 똑같은 과정을 거쳐 토론해본다. 학생들 스스로 패턴을 다른 방법으로 표현해보고 싶어할 수도 있을 것이다.

토론

패턴을 분석해보고 이를 여러 가지 방법으로 표현할 기회를 가져보기도 전에 학생들이 반복 패턴 학습을 중단해버리는 경우가 종종 있다. 이 단계는 학생들이 패턴을 일반화하고 패턴 속 요소 간의 관계를 설명하고 패턴 상 요소의 위치를 함수 규칙으로 기술하여 묘사할 수 있도록 준비시켜주는 데 필수적인 단계이다.

'광대 아저씨 줄세우기' 게임이나 다른 반복 패턴 활동을 학년 내내 계속 되풀이해야 한다. 패턴의 복잡성과 패턴 상의 요소들에 대한 질문의 난이도를 점차적으로 높여 나갈 수 있도록 해주어야 한다. 학생들로 하여금 글자, 장난감, 동작 또는 소리를 이용하여 유사한 패턴들을 만들어보게 해야 한다.

작은 바위 위에 아기 뱀

유아원-유치원

소리, 모양의 순서나 간단한 수 패턴과 같은 것들을 알아보고, 설명해보고, 패턴을 연장해보며, 한 표현에서 다른 표현으로 전환해본다.

요약

학생들은 증가하는 뱀의 수로 형성되는 성장 패턴을 탐구하고, 패턴에서 다음에는 무엇이 오는지를 결정하고 알맞는 뱀의 수를 작은 산가지를 사용하여 나타낸다.

학습 목표

- 성장 패턴을 복사하고 연장시킨다.
- 다음에 무엇이 올 것인지를 결정하기 위하여 연속적인 요소의 쌍들 간의 관계를 파악한다.
- 뱀을 작은 산가지로 표현한다.

사전 지식

- 30 이하 어느 수에서든 세기 시작하여 30까지 하나씩 세기
- 사물 20개까지 모듬으로 묶어 세기
- 몇 개가 더 많은지 알아볼 수 있도록 수량을 비교하기
- 순서상(첫 번째에서 열 번째까지) 요소의 위치를 파악할 수 있도록 순서 수를 이해하고 사용하기
- 위치를 나타내는 어휘들 **이전**, **이후**, **다음**, **사이** 사용하기

학습 자료 및 교구

95쪽

- [작은 바위 위에 아기 뱀] 학습 활동지
- 한 학생당 작은 산가지 30개
- 투명 접착테이프

활동

도입하기

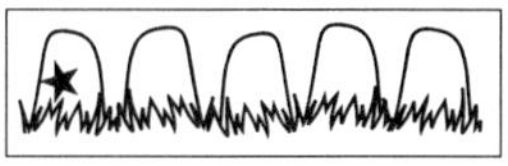

학생들에게 [작은 바위 위에 아기 뱀] 학습 활동지 복사본을 보여준다. 학생 한 명을 불러 그림을 설명해보도록 하고 바위 수를 세어보라고 한다(5). 첫 번째 바위 위에 별표가 있는 것을 주의하여 보도록 학생들에게 알려준다. “이 별표가 있는 것이 첫 번째 바위라는 것을 기억하세요.”라고 말한다. 바위 하나씩을 순서대로 가리키면서 “이것이 두 번째(세 번째, 네 번째, 다섯 번째) 바위입니다.”라고 말한다. 위치와 순서를 나타내는 단어들을 사용하여 학생들이 어떤 바위를 지칭하는지 알아낼 수 있는지를 확인해보기 위해 학생들에게 “세 번째 바위”, “첫 번째 바위 바로 뒤에 있는 바위”, “세 번째와 다섯 번째 사이에 있는 바위”를 가리켜보도록 하면서 (**네 번째 바위를 가리키면서**) “그 다음에 오는 바위를 가리켜 보세요.”라고 한다.

탐구하기

각 학생들에게 학습활동지 복사본 한 장씩을 나눠준다. 동시 “낮잠 자는 아기 뱀들”을 천천히 읽는다. 학생들에게 작은 산가지를 뱀이라고 생각하면서 이야기가 전개될 때 이를 바위 위에 숫자대로 놓으라고 한다.

낮잠 자는 아기 뱀들

햇볕이 쨍쨍 쬐는 5월 어느 화창한 날
아기 뱀 가족이 놀러 나갔어요.
작은 바위들을 발견하고서 그 위에 올라가
하루 종일 낮잠을 잤어요.

아기 뱀 한 마리가 첫 번째 바위 위로 스르륵 타고 올라가
쉿 소리를 내고서 곧 곤한 잠에 떨어졌어요.
아기 뱀 두 마리가 그 다음 큰 바위에 다가가
올려다보지도 않고 스스륵 타고 올라갔어요.

아기 뱀 세 마리가 그 다음 큰 바위에 다가가
소리도 없이 스스륵 올라갔어요.
아기 뱀 네 마리가 그 다음 큰 바위에 다가가
스스륵 타고 올라가 주위를 휭 둘러보았어요.

아기 뱀 몇 마리가 몸을 살살 흔들면서 그 다음 바위에 다가가
스르륵 타고 올라가 보고 이게 마지막 바위라는 걸 깨닫게
되었어요.
"음" 나머지 아기 뱀들이 중얼거렸어요.
"바위 위에 몇 마리의 뱀들이 자고 있을까?"

– 캐롤 그린스

동시를 읽은 후 다음과 같은 질문을 해본다.

- 첫 번째 바위 위에 있는 뱀은 몇 마리인가요? 두 번째는? 세 번째는? 네 번째는? 다섯 번째는? 어떻게 알 수 있나요?
- (**첫 번째 바위를 가리키면서**) 첫 번째 바위에서 (**두 번째 바위를 가리키면서**) 이 바위까지는 뱀의 수가 어떻게 변했나요? (**세 번째 바위를 가리키면서**) 이 바위까지는? (**네 번째 바위를 가리키면서**) 이 바위까지는?

학생들이 그 변화에 대하여 토의해보도록 한다. 바위들 순서대로 바로 그 다음 바위 위에 있는 뱀의 수는 그 이전 것보다 하나씩 많아진다는 것을 학생들이 깨닫게 도와준다. 학생들에게 다섯 번째 바위 위에 다섯 마리의 뱀 대신 다섯 개의 작은 산가지를 올려놓도록 한다.

뱀의 수량을 바꾸어가면서 이야기를 여러 번 반복해보고 위와 유사한 질문을 해본다. 예를 들면,

- 첫 번째 바위 위에 두 마리 뱀부터 시작해서 바위 하나당 뱀 한 마리씩 증가시켜본다. 학생들에게 다섯 번째의 바위 위에 몇 마리의 뱀이 올라갈지 세어보지 말고 예측해보도록 한다.
- 한 마리 뱀에서 시작하여 둘씩 증가시켜본다. (1, 3, 5, 7, 9마리 뱀)

■ 두 마리 뱀에서 시작하여 둘씩 증가시켜본다. (2, 4, 6, 8 ,10마리 뱀)
■ 다섯 마리 뱀에서 시작하여 하나씩 감소시켜본다.
■ 일곱 마리 뱀에서 시작하여 하나씩 감소시켜본다.
■ 열 마리 뱀에서 시작하여 둘씩 감소시켜본다.
■ 여덟 마리 뱀에서 시작하여 둘씩 감소시켜본다. (마지막 바위에는 뱀이 한 마리도 남지 않게 된다.)

조그만 산가지를 각각 2, 4, 6, 8, 10개씩 올려놓은 바위들

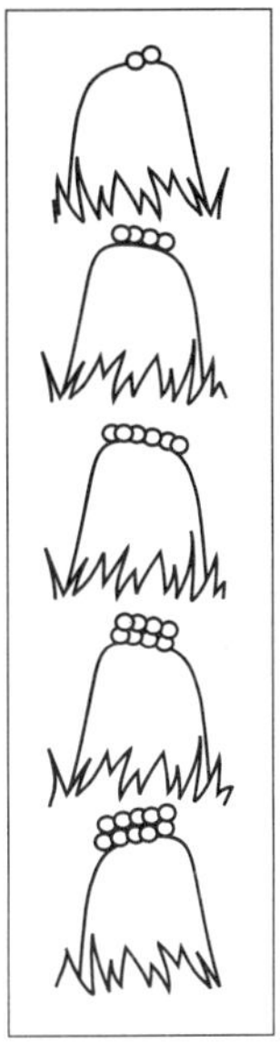

확장하기

학생들에게 좀더 긴 패턴을 탐구해보도록 한다. 이를 위해 두 장의 학습 활동지를 연결하여 길게 옆으로 붙여 사용한다. 이렇게 하면 학생들이 열 개의 요소로 된 패턴에서 증가하거나 감소하는 것을 볼 수 있게 된다. 학생들을 불러서 패턴을 설명해보도록 하고 다음에 무엇이 오는지를 어떻게 결정할 것인지 이야기해보도록 한다. 학생들에게 직접 증가하거나 감소하는 패턴을 만들어 학급 친구들과 함께 서로 보여주고 이야기해보도록 해도 좋다.

'작은 바위 위에 아기 뱀' 학습 활동은 자연수의 덧셈과 뺄셈의 패턴 학습을 위하여 좋은 도입 활동이다. (예, 1 더하기, 2 더하기, 1 빼기, 2 빼기) 바위 위에 뱀의 숫자를 기록하여 다음 바위에는 어떤 수가 오는지 학생들이 스스로 예측해보도록 해도 좋다.

토론

성장 패턴을 탐구하는 것 외에도 '작은 바위 위에 아기 뱀' 학습 활동을 통하여 학생들은 패턴을 예측해보면서 패턴 능력의 진가를 알게 되고 이를 개발시키게 된다. "탐구하기" 학습 활동에서 점점 더 어려워지고 "확장하기"에서 더 복잡하게 길어지는 패턴을 학생들이 접하게 될 때 이 진가를 더욱 깊이 알게 된다. 학생들에게 패턴을 설명하도록 하고, 자신들의 예측을 정의해보게 하고, 학생들이 공간이나 위치에 대한 어휘를 얼마나 잘 이해하고 사용하는지를 볼 때 교사들은 학생들에 대하여 더 나은 통찰력을 가질 수 있게 된다. 이와 같은 어휘력은 패턴에 있어서 요소들의 위치와 상대적인 위치를 설명하는 데 필수적이다.

발자국 패턴

유치원-초등 1학년

반복 패턴과 성장 패턴이 어떻게 생성되는지 분석해 보라.

요약

학생들 자신 또는 다른 사람들의 발자국을 기초로 하여 패턴을 창조하고 연장하며 이를 분석한다.

학습 목표

- 반복 패턴과 성장 패턴을 식별하고, 설명하며, 확장한다.
- 반복 패턴과 성장 패턴이 어떻게 생성되는지 분석한다.
- 뒤집기와 돌리기를 식별하고 이를 사용하여 패턴을 만들어낸다.

사전 지식

- 1에서 30까지의 수 식별하기
- 최소한 30까지 세기

학습 자료 및 교구

96쪽

- [발자국 패턴] 학습 활동지

  각 학생에게 여러 가지 다른 크기와 색의 좌우 발자국 모양의 복사본을 여러 장 나눠주고, 이 그림을 오려서 학습 활동에 사용하도록 한다.
- 크레용
- 도화지
- 가위
- 동물 발자국 그림 복사본(선택사항)
- 숫자 카드 1에서 30까지

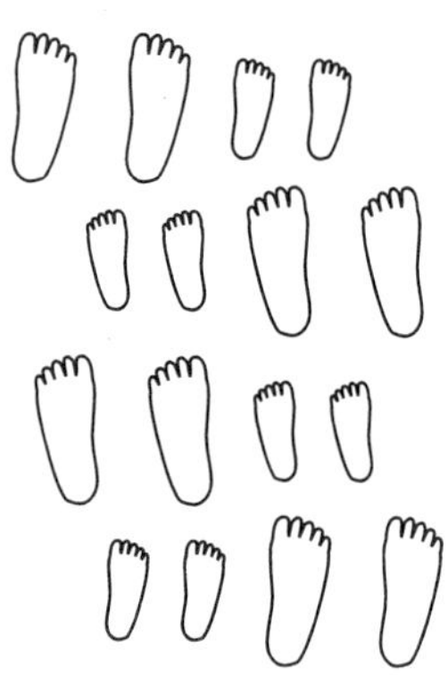

노랑, 파랑, 노랑, 파랑, 노랑, 파랑으로 된 패턴을 계속하여 만들고 있는 수연이에게 "15 아래에 오는 색은 무슨 색일까" 하고 물었더니 "15는 노랑이예요. 15에 이를 때까지 노랑, 파랑 이렇게 되풀이했어요." 하고 말했다.

활동

도입하기

교실 바닥에 숫자 카드 1에서 15까지 쭉 일렬로 늘어놓는다. 그림 1.1과 같이 숫자 카드 밑에 여러 가지 색깔의 발자국 그림을 사용

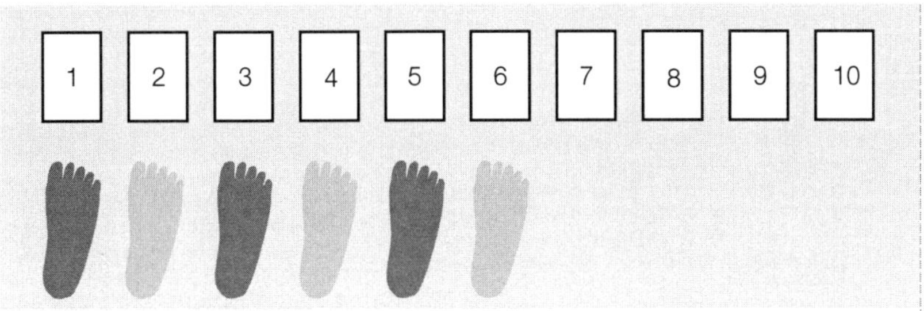

그림 1.1
발자국 패턴의 시작

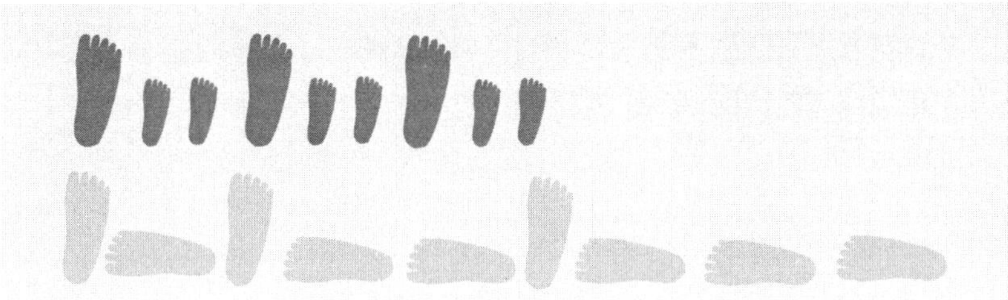

그림 1.2
패턴의 예

하여 패턴을 만들기 시작한다. “숫자 카드 12 아래에는 어떤 색깔이 올까요? 15에는?”이라는 질문을 한다. 그 색깔이 온다는 것을 학생들이 어떻게 알 수 있는지 이야기해보게 한다. 발자국의 색깔, 위치(뒤집기와 돌리기) 또는 크기를 기초로 하여 다른 여러 가지 패턴을 만들어보는 연습을 반복하게 한다. 반복 패턴과 성장 패턴들을 만들어보도록 한다. 그림 1.2에 있는 패턴을 묘사해보고 왜 위에 있는 것은 반복 패턴이고(똑같은 세 요소의 되풀이), 아래에 있는 것은 성장 패턴인지(앞의 발자국 수만큼의 발자국이 회전되어 있고 왼쪽으로 회전된 발자국의 수가 1개씩 증가) 이야기해보아도 좋다.

근거와 함께 자신의 생각을 설명하는 것은 이 단계에서 시작되는 형식적 추론을 하기 위한 중요한 기능 중의 하나이다.

탐구하기

발자국 패턴을 시작하여 일렬로 늘어놓고 학생들에게 한 번 연장해보도록 한다. 1에서 15까지의 숫자 카드 아래에 발자국을 잘 놓을 수 있도록 각각의 카드 사이에 공간을 여유있게 주는 것을 명심해야 한다. 특정한 숫자 하나를 정하여 그 밑에 오는 발자국에 대하여 질문한다. 예를 들어, “숫자 9 밑에는 어떤 크기(색, 방향)의 발자국이 있나요? 12 밑에는? 15 밑에는?”, “왜 그렇게 결정했나요?”

학생들에게 다음과 같은 조건을 알려주고 이에 알맞는 발자국 패턴을 만들어보도록 한다.

- ■ 세 가지 색을 이용한 반복 패턴
- ■ 증가하는 성장 패턴
- ■ 숫자 10 밑에 빨간 발자국이 오고 12 밑에는 파란 발자국이 오는 반복 패턴
- ■ 숫자 5 밑에는 파란 발자국이 오고 11 밑에는 빨간 발자국이 오는 성장 패턴
- ■ 발자국 20개를 사용하여 만든 패턴으로 그 중 5개는 노란색이고 15개는 빨간색으로 된 패턴

민수와 재식이가 만든 발자국 패턴. 둘 다 패턴을 만들기 위해 발자국에 얼굴을 그려 넣었다는 점에 주목하여라. 민수는 "위쪽 아래쪽" 패턴이라고 표기했고 재식이는 패턴의 요소를 글자로 표기했다.

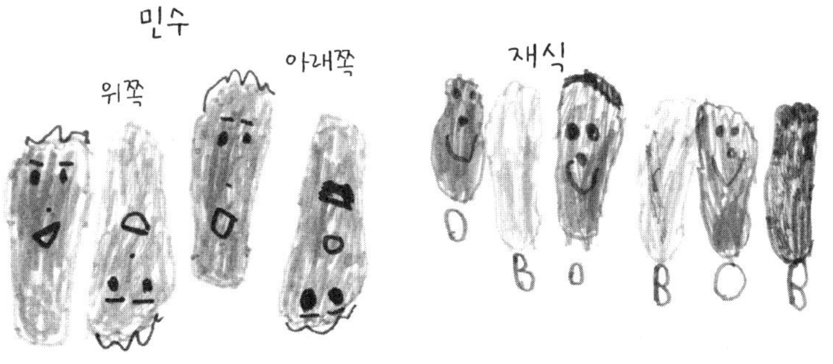

"패턴을 창조하고 이를 설명하는 것은 학생들이 자신의 타당성을 증명하기 위해 추측해보고 근거를 제시해볼 수 있도록 하는 중요한 기회를 제공해준다." (NCTM, 2000, 123쪽)

학생들에게 자신들이 만든 패턴이 주어진 조건을 어떻게 충족시키고 있는지 설명해보도록 한다.

확장하기

학생들을 두 명씩 짝지어서 상대방의 발을 이용하여 그 발의 외곽선을 따라 그리게 하고 이를 오려내게 한다. 발자국 그림을 복사하거나 모든 학생들의 발 모양 그림을 전부 모아서 이들을 색칠하게 하여 그 색깔이나 위치에 따라 패턴으로 배열하도록 할 수도 있다. 또 다른 방법으로는 학생들의 발자국과 동물의 발자국을 사이사이에 배치하여 패턴을 만들어보도록 해도 좋다.

교실 안에 있는 어떤 두 장소 사이를 연결하는 패턴 길을 학생들 자신의 발자국으로 만들어보고 싶어할 수도 있다. 이렇게 해본 후에 교실 안에 만들어진 패턴 길의 위치를 보여주는 지도를 그려보아도 좋다. 매주 패턴 길을 바꾸어 만들어볼 수도 있다.

토론

학생들이 패턴을 연장하여 만들어갈 때 교사들은 학생들이 만든 패턴 디자인의 복잡성을 잘 관찰해보아야 한다. 어떤 학생들은 예를 들어 AABAAB 유형과 같이 간단한 교차 패턴을 만들 수도 있겠지만 그렇지 못한 학생들도 있을 수 있다. 어떤 학생들은 반복 패턴은 잘 만들 수 있지만 성장 패턴은 잘하지 못할 수도 있다. 어떤 학생들은 크기와 위치 같은 다른 성질을 이용하여 만드는 패턴보다는 색을 이용하여 만드는 패턴을 더 쉽게 할 수도 있다. 어떤 학생들은 패턴을 성공적으로 잘 연장하지만 새로운 패턴을 잘 만들어내지는 못할 수도 있다. 이와 같은 차이점들을 잘 보고 기록해두면 앞으로 이 학생들을 어떻게 가르칠 것인지 계획을 세워보고 학생들의 진행 상황을 보고하는 데 유용하게 사용할 수 있을 것이다.

숫자 길 따라가기

유치원-초등 1학년

요약

숫자와 화살표가 적힌 사각형으로 된 "숫자 길"에서 보여주는 세기 패턴을 학생들이 파악하고 연장한다.

소리의 순서, 모양 또는 간단한 숫자 패턴을 인식하고 설명하며 패턴을 연장시켜보고 한 패턴을 다른 방법으로 표현해보라.

학습 목표

- 숫자 패턴을 파악하고, 계속하여 연장시키고 이를 설명한다.
- 숫자 3에서 시작하여 셋씩 건너뛰어 센다.
- 짝수와 홀수를 탐구한다.

사전 지식

- 하나, 둘, 다섯, 그리고 열씩 건너뛰어 세기
- 0과 1부터 시작하여 건너뛰어 세기

학습 자료 및 교구

97, 98쪽

■ [숫자 길] 학습 활동지
■ [빈칸 길] 학습 활동지
■ 칠판 또는 다른 이동용 칠판이나 게시판 또는 벽보

활동

도입하기

칠판에 1에서 30까지의 수(數) 직선을 그린다. 한 학생에게 다섯씩 띄어서 세어보라고 하면서 호명된 숫자에 원을 그린다(그림 1.3 참조). 원을 지운다. 다른 한 학생에게 열씩 띄어서 세어보게 하면서 호명된 숫자에 원을 그린다. 똑같은 방법으로 둘씩 띄어서 세어본다. 원이 그려질 때마다 원과 원 사이에 몇 개의 숫자들이 있는지 눈여겨 보게 한다. 예를 들면, 둘씩 띄어 셀 때는 그 사이에 한 개의 숫자가 있으며, 다섯씩 띄어 셀 때에는 네 개의 숫자가 원과 원 사이에 있다.

그림 1.3
수 직선에 다섯씩 띄어 세기

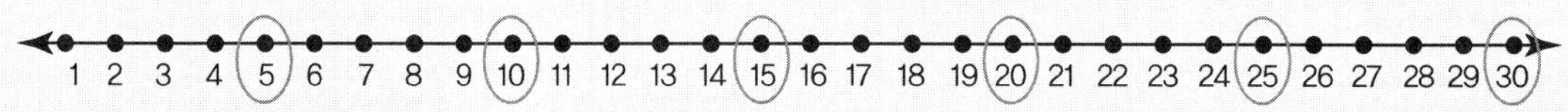

탐구하기

97, 98쪽

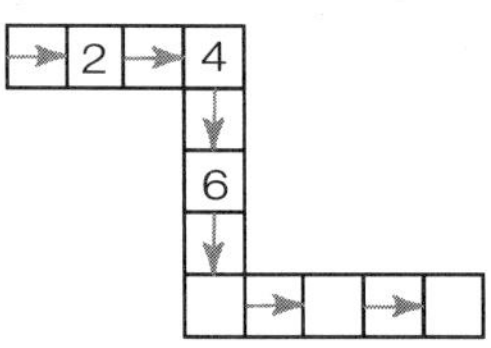

각 학생에게 [숫자 길] 학습 활동지 복사본 한 장씩을 주거나 칠판에 수 직선을 길게 그린다. 학생들에게 학습 활동지에 있는 첫 번째 길을 주의 깊게 살펴보도록 한다. 네모 칸 안에 숫자가 쓰여 있는 것들도 있고 빈칸으로 되어 있는 것들도 있으며 화살표가 들어 있는 것들도 있다는 점을 주지시킨다. 다음과 같은 질문을 한다.

■ 어떤 숫자들이 있나요? (2, 4, 6)
■ 빈칸 속에는 어떤 숫자들이 들어 갈까요? (8, 10, 12). 그것을 어떻게 알 수 있나요?
■ 몇 개씩 띄어 세어야 이와 같은 숫자가 될까요? (둘씩)

칠판에 1에서 20까지의 숫자를 쓴다. 세어보기 전에 아래와 같이 12까지의 짝수에 네모를 그린다. 그리고서 학생들에게 이 숫자 길이 좀더 길어진다면 어떤 길이 될지 생각해보도록 한다. 몇몇 학생들을 불러서 길 위에 있는 어떤 숫자에 네모를 그리게 될 것인지 한번 해보라고 한다.

1 2 3 4 5 6 7 8 9 10 11 12 13 14 15 16 17 18 19 20

■ 30에 네모를 그려야 할까요? (예)
■ 네모 안에 들어간 숫자들을 부르는 특별한 이름이 있나요? (예, 이 숫자들은 모두 짝수입니다.)

학생들에게 학습 활동지에 있는 두 번째 길을 보도록 한다. 이와 같은 질문을 해본다.

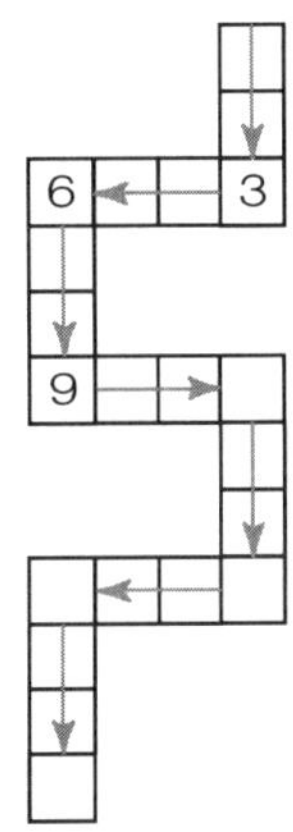

■ 어떤 숫자들이 있나요? (3, 6, 9)
■ 다음에 있는 빈 네모 칸에는 어떤 숫자가 들어가야 할까요? (12)
■ 빈칸에 알맞는 숫자들을 써넣어보세요. (**숫자를 세기 전에 학생들이 숫자를 모두 채워넣을 때까지 기다리세요.**) 이 숫자들은 띄어 셀 수 있는 수인가요? (예, 셋씩 띄어 셀 수 있는 숫자들입니다.)
■ 숫자 3과 6 사이에는 몇 개의 수가 있나요? 6과 9 사이에는? 9와 12 사이에는? 12와 15 사이에는?

칠판에 숫자를 18에서 39까지 쓴다. 아래에 보이는 것처럼 숫자 18, 21, 24에 네모를 그린다. 그리고서 학생들에게 만약 이 길이 좀더 길게 연장된다면 어떤 길이 될지 상상해보도록 한다. 학생 몇몇을 불러서 숫자에 네모를 그려 패턴을 연장해보도록 한다.

18 19 20 21 22 23 24 25 26 27 28 29 30 31 32 33 34 35 36 37 38 39

학생들에게 학습 활동지를 두 번째 길까지 접어서 세 번째 길만 보이게 하도록 한다. 다음과 같은 질문을 한다.

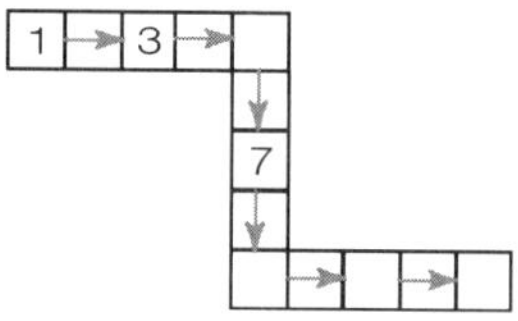

■ 어떤 숫자들을 볼 수 있나요? (1, 3, 7)

■ 숫자 3과 7 사이의 빈칸 속에는 어떤 숫자가 들어 갈까요? (5) 어떻게 알 수 있나요?

■ 빈칸에 알맞는 숫자를 써넣어보세요. 이 숫자들을 부르는 특별한 이름이 있나요? (예, 홀수들입니다.)

■ 만일 이 길에 있는 패턴을 계속한다면 숫자 20에 네모를 그려야 할까요? (아니오.)

칠판에 숫자 11에서 35까지를 쓴다. 아래와 같이 숫자 11과 13에 네모를 그린다. 학생들에게 이 패턴을 계속하게 되면 네모 안에 들어가야 할 숫자는 무엇인지 알아보도록 한다.

[11] 12 [13] 14 15 16 17 18 19 20 21 22 23 24 25 26 27 28 29 30 31 32 33 34 35

확장하기

학생들에게 그림 1.4와 같이 좀더 난이도가 높은 길을 보여주거나, 1이 아닌 다른 숫자로 패턴을 시작해보게 한다. 숫자 2나 3으로 시작하게 하면 좀더 어려워지게 된다. 다음과 같은 질문을 해본다.

■ 빈칸에 50보다 작은 수로 어떤 숫자를 써야 할까요?

■ 숫자가 쓰인 칸 사이에는 몇 개의 빈칸이 있나요?

그림 1.4
좀더 난이도가 높은 숫자 길

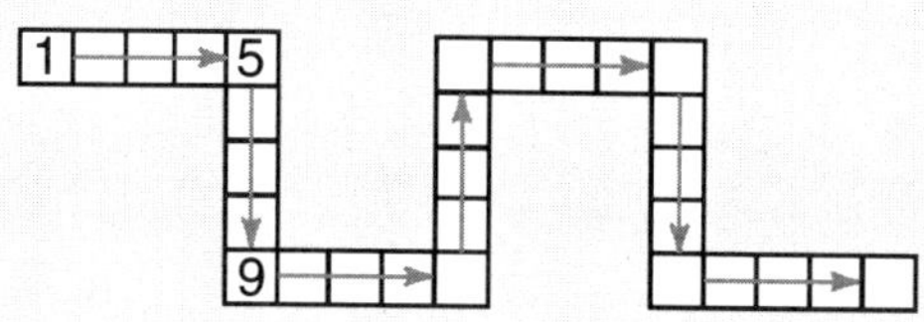

98쪽

어떤 학생들은 자기 자신의 숫자 길을 만들어보고 싶어할 수도 있다. 이들을 도와주기 위해 [빈칸 길] 학습 활동지를 활용하거나 [숫자 길] 학습 활동지의 숫자를 지우고 빈칸 길을 복사해서 학생들에게 숫자를 채워넣어 보도록 해도 된다.

토론

'숫자 길 따라가기' 학습 활동은 학생들의 숫자 세기 능력을 보강해주며 1에서 100까지의 숫자 판에 여러 가지 길을 만들어보고 숫자의 일부만 보여주어 패턴을 인지할 수 있는 능력을 길러준다. 대다수의 학생들은 숫자를 하나씩 세어 가면서 빈칸에 숫자를 써넣기도 하겠지만, 어떤 학생들은 이미 적혀 있는 숫자를 가지고 패턴을 파악한 후 그 패턴을 활용하여 빈칸을 채울 수도 있다. 하나씩 세는 단계로부터 패턴을 인식하고, 그 패턴을 설명하며, 이를 연장하게 되는 단계로 학생들을 이끌어 도와주는 것은 학생들의 대수적 추론 능력을 발달시키는 데 가장 중요한 것이다.

건너뛰기 패턴

1-2학년

요약

학생들이 규칙에 따라서 교실 바닥에 있는 수(數) 직선 위에 있는 빈칸을 건너뛰면서 수 패턴을 만들어낸다.

반복 패턴과 성장 패턴이 어떻게 생성되는지 분석해 보라.

학습 목표

- 수 패턴을 완성하고, 연장하며, 창조한다.
- 공배수를 조사한다.
- 계산기를 사용하여 수 패턴을 만든다.

사전 지식

- 수 직선상의 수와 빈칸을 파악하기
- 둘씩, 다섯씩 건너띄어 세기
- 계산기를 사용하여 둘씩, 다섯씩 건너띄어 세기

학습 자료 및 교구

- 교실 바닥에 수 0에서 30까지의 수 직선

■ 계산기
■ 연필과 종이

활동

도입하기

교실 바닥에 그려진 수 직선을 소개하고 한 학생을 불러 그 선을 따라 숫자를 하나씩 밟고 걸어가도록 하면서 나머지 학생들에게 그 숫자를 소리내어 말하도록 한다. 다음에는 학생들에게 캥거루를 한번 연상해보도록 하고 캥거루가 어떻게 뛰는지 표현해보라고 한다. 학생 자신들이 두 자리씩 앞으로 건너뛰는 캥거루라고 상상해보게 한다. 학생 한 명을 자원하도록 하여 자신이 캥거루라고 생각하면서 숫자 0에서 시작하여 수 직선을 따라 건너뛰어 보라고 한다. 학생들에게 두 자리씩 다섯 번 정도 건너뛰어 보라고 한다. 나머지 학생들은 캥거루가 뛰기 시작해서 내려 밟는 수를 소리내어 말하도록 한다(0, 2, 4, 6, 8, 10).

탐구하기

학생들에게 여러 가지 다른 건너뛰기 규칙도 따라 해보게 한다. 한 학생이 뛸 때, 다른 학생은 시작하는 숫자와 내려 밟는 숫자를 기록하게 한다.

규칙: 숫자 0에서 시작해서 앞으로 3자리씩 건너뛴다.

0 3 6 9 12 …

규칙: 숫자 1에서 시작해서 앞으로 2자리씩 건너뛴다.

1 3 5 7 9 …

규칙: 숫자 25에서 시작해서 거꾸로 5자리씩 건너 내려 뛴다.

25 20 15 10 5 …

학생들이 규칙을 따라 할 때 이와 같은 질문을 해본다.

■ 계속해서 건너뛴다면 다음에 밟게 되는 숫자는 무엇일까요?
■ (숫자 하나를 지정해서 말하며) 이 숫자를 밟게 될 수도 있을까요? 어떻게 알 수 있나요?
■ (숫자 하나를 지정해서 말하며) 이 숫자까지 건너뛰어 밟으려면 몇 번

이나 더 뛰어야 하나요?

학생들이 계산기를 사용하여 건너뛰기 규칙을 탐구해볼 수도 있다. 각 규칙마다 어느 숫자를 눌러야 하는지 물어본다. 건너뛰기나 기록을 하고 있지 않는 학생들은 뛰기를 하는 학생이 뛸 때마다 계산기에 있는 "⊟" 키를 눌러 활동을 따라 할 수 있다.

학생들 스스로 자신만의 규칙을 만들어볼 시간을 준다. 학생들이 두 번 연속 뛰기를 탐구해보고 싶어할 수도 있다. (예, "숫자 3에서 시작해서 앞으로 다섯 자리를 건너뛰어라. 그리고 두 자리를 뒤로 건너뛰어 보아라.") 더 도전적인 활동이 될 수 있도록 학생들이 서로 자신의 활동지를 바꾸어 그 숫자를 보고 건너뛰기 규칙을 결정해볼 수 있다.

학생들이 좀더 심도 있게 이해할 수 있도록 다음과 같은 질문을 해본다.

- 숫자 1에서 시작해서 매번 4자리씩 앞으로 건너뛴다. 숫자 13에 도착하려면 몇 번이나 뛰어야 할까요?
- 숫자 2에서 시작해서 세 번 건너뛰어 11에 도착한다. 규칙은 무엇일까요?
- 두 번 건너뛰어 숫자 7에 도착하는 규칙을 만들어보세요.
- 한 숫자에서 시작해서 다섯 번 앞으로 건너뛴다. 매번 세 자리씩 건너뛴다. 그러면 숫자 17에 도착하게 된다. 몇 번에서 시작했나요?

확장하기

건너뛰기 규칙은 공배수를 비공식적으로 소개할 수 있는 좋은 아이디어이다. 한 학생에게 "0에서 시작해서 매번 두 자리씩 앞으로 건너뛰어 보아라."라는 규칙을 따라 하게 한다. 다른 학생에게 "0에서 시작해서 매번 세 자리씩 앞으로 건너뛰어 보아라."라는 규칙을 따라 하게 해본다. 한 학생에게 빨간 블록(또는 종이 조각)을 도착하는 수마다 놓게 하고 다른 한 학생에게는 파란 블록(또는 종이 조각)을 도착하는 수마다 놓게 한다. 학생들에게 두 학생 모두 도착하게 되는 첫 번째 수는 무엇인지 알아보게 한다(6). 두 학생에게 각기 다섯 번 건너뛰게 한 다음 "둘 다 똑같이 도착하는 다음 수는 무엇일까요?", "어떻게 알 수 있나요?" 하고 물어본다.

계산기의 연속 기능은 띄어 세기를 쉽게 할 수 있게 한다. 대부분의 4-기능 계산기에서 다음과 같은 순서로 키를 누르면

⊞ 3 ⊟ ⊟ ⊟ ⊟

숫자 3, 6, 9, 12와 15가 나타난다. 만일 규칙이 "9에서 시작해서 매번 뒤로 두 자리씩 건나 뛰어라."라면 다음과 같은 키를 순서대로 누르면

9 ⊟ 2 ⊟ ⊟ ⊟

7, 5와 3이 화면에 나타난다.

토론

학생들이 둘, 셋, 넷, 그리고 다섯씩 띄어 셀 때 말하는 수에 익숙하므로 처음에는 "0"에서 시작하거나 끝나는 규칙을 중점적으로 다루어 보는 것이 좋다. 하지만 학생들이 시작하고 끝나는 수가 "0"이 아닌 건너뛰기 규칙을 수행해보는 것도 중요하다. 이런 경우 학생들은 도착하는 수에 익숙해져 있지 않기 때문에 도착하는 수를 생성해주는 규칙에 좀더 중점을 두게 될 수 있다.

학생들이 건너뛰기 규칙에 좀더 경험을 쌓게 되면 건너뛰는 수와 도착하는 수를 둘 다 도표에 기록하도록 해도 좋다. 예를 들어, 숫자 3에서 시작해서 매번 둘씩 건너뛰기를 하는 규칙에서 학생들은 표 1.1과 같은 도표를 완성해볼 수 있다.

[표 1.1] "3에서 시작해서 매번 두 자리씩 건너뛰기" 규칙에 따른 결과

건너뛴 수	도착 수
1	5
2	7
3	9
4	11
5	13

어떻게 성장할까?

1-2학년

요약

학생들이 네모와 세모로 구성된 성장 패턴을 조사한다.

학습 목표

반복 패턴과 성장 패턴이 어떻게 생성되는지 분석해 보라.

- 성장 패턴을 완성, 설명, 연장하고 일반화해본다.
- 성장 패턴에 사용된 요소들 간의 관계를 알아본다.

사전 지식

- 네모와 세모를 구별하기

학습 자료 및 교구

- 패턴 블록
- 종이, 연필, 크레용
- 포스터 보드(선택사항)
- [어떻게 성장할까?] 학습 활동지

99쪽

활동

도입하기

기하학적인 모형을 사용하여 만드는 성장 패턴을 소개하기 위해 칠판이나 포스터 보드에 패턴 1.1과 같은 그림을 그려 보여준다. 패턴을 만들면서 학생들이 이를 주시하도록 한다. 학생들이 패턴과 패턴에 사용된 요소를 파악할 수 있도록 도와주기 위하여 다음과 같은 질문을 한다.

○ 패턴 1.1

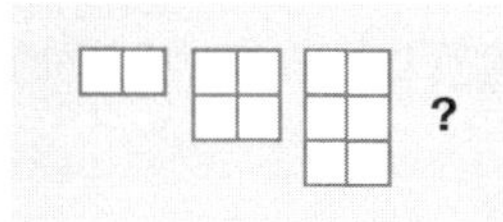

- **(요소 1, 2와 3을 가리킨다.)** 이 그림의 도형은 서로 어떻게 비슷한가요? (네모의 배열로 되어 있어요. 각 줄마다 2개의 네모가 있어요.)
- 이 도형의 서로 다른 점은? (각 줄마다 모형의 수가 달라요. 각 도형마다 작은 모형의 수가 달라요.)
- **(패턴 상에 있는 첫 번째 도형에서 시작하여 세 번째 도형까지 도형 하나하나씩 가리킨다.)** 이 도형들은 어떻게 성장하나요? (매번 각 줄마다 2개의 네모가 늘어납니다.)
- 다음 도형에는 몇 줄의 네모가 있게 될까요? (네 개) 왜 그렇게 생각하나요?
- 그 다음 도형에서 작은 네모는 몇 개가 될까요? (여덟 개) 어떻게 알 수 있나요? **(한 학생을 불러서 다음 번에 올 도형을 그려서 작은 네모의 수를 확인해보도록 한다.)**
- 도형에 열 줄이 생기게 되면 작은 네모의 수는 몇 개가 될까요? (스무 개) **(학생들에게 네모의 수를 어떻게 결정할 수 있었는지 이야기해보도록 한다.)**

탐구하기

2개의 다른 모양을 사용하여 만드는 패턴을 학생들에게 소개하기 위해 칠판이나 포스터 보드에 패턴 1.2와 같은 그림을 그린다. 학생들에게 패턴 블록을 사용하도록 해도 좋다.

○ 패턴 1.2

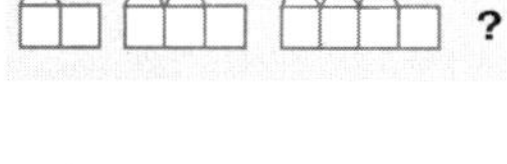

학생 몇 명을 불러서 보이는 대로 설명을 해보도록 하고 "다음 도형은 어떻게 생겼을까요?", " 어떻게 알 수 있나요" 하고 물어본다. 학생들이 각 도형 속의 작은 네모와 세모의 수에 대하여 꼭 이야기해보도록 한다. 도형 속에 작은 네모와 세모의 수 사이의 관계와 패턴 속의 작은 네모와 세모의 수, 그리고 도형의 위치 간의 관계를 일반화해볼 수 있도록 학생들을 도와주기 위해 다음과 같은 질문을 한다.

- **패턴이 계속된다. 세모 여섯 개로 된 도형 속에는 몇 개의 네모가 있나요? (네모 일곱 개) 세모 일곱 개가 있는 도형에는? (네모 여덟 개)**
- **세모의 수를 알고 있을 때 도형 속에 네모는 몇 개가 되는지 어떻게 알 수 있나요? (네모의 수는 세모의 수보다 하나 더 많습니다.)**
- **네모 열 개로 된 도형에는 세모가 몇 개 있을까요? (아홉 개)**
- **네모의 수를 알 때 도형 속에 세모의 수는 어떻게 알 수 있을까요? (세모의 수는 네모의 수보다 한 개 적습니다.)**
- **만일 도형이 모두 아홉 개의 모양으로 이루어져 있다면 어떤 도형이 될까요? (다섯 개의 네모 위에 네 개의 세모로 된 도형입니다.)**
- **만일 도형 속에 세모가 다섯 개 있다면 모두 몇 개의 모양이 있을까요? (열한 개)**

확장하기

각 학생에게 학습 활동지 [어떻게 성장할까?]를 나눠준다. 학생들 각자 또는 짝을 지어서 스스로 패턴을 만들어보게 한다. 학습지를 완성한 후 학생들에게 자신들의 답을 토론해보게 한다.

학생들이 관계를 일반화해볼 수 있도록 도와주기 위해 첫 번째 패턴에 대하여 다음과 같은 질문을 해볼 수 있다.

- **패턴 속에 세모가 일곱 개 있을 때 네모의 수는 몇 개가 될까요? (열네 개) 세모가 여덟 개 있다면? (열여섯 개) 세모가 아홉 개라면? (열여덟 개)**
- **패턴 속에 있는 세모의 수를 알 때 네모의 수는 어떻게 알 수 있나요? (네모의 수는 세모의 수를 두 배로 곱하는 것입니다.)**
- **패턴 속에 있는 네모의 수를 알 때 세모의 수는 어떻게 알 수 있나요? (세모의 수는 네모의 수를 반으로 나눈 것입니다.)**

두 번째 패턴을 가지고 다음과 같은 질문을 해볼 수 있다.

- **패턴 속에 네모가 일곱 개 있을 때 세모의 수는 몇 개일까요?**

99쪽

[어떻게 성장할까] 해답

1. 다음 요소는 두 개의 네모 위에 세모 한 개씩으로 세모는 모두 네 개가 된다.
2. 6 + 6 또는 네모 12개
3. 3 + 3 + 3 + 3 + 3 또는 15개 도형
4. 아니오, 네모의 수는 항상 짝수이다.
5. 다음 요소는 네모 4개와 세모 10개로 된다(각 네모마다 위아래로 세모 하나와 앞뒤 끝에 세모 하나씩).
6. 세모 22개
7. 다양한 답이 나올 수 있다.
8. 네모 6개
9. 다양한 답이 나올 수 있다.

(열여섯 개) 네모가 여덟 개면? (열여덟 개) 네모가 스무 개면? (사십이 개)

■ 네모의 수를 알 때 세모의 수는 어떻게 알 수 있나요? (네모의 수를 두 배로 곱하고 나서 여기에 둘을 더합니다.)
■ 패턴 속에 있는 세모의 수를 알 때 네모의 총수는 어떻게 알 수 있나요? (세모의 수에서 2를 빼고 난 후 나머지 수를 반으로 나눕니다.)

토론

성장 패턴을 탐구해봄으로써 관계를 시각화할 수 있도록 하는 데 초점을 맞추어 보도록 학생들을 도와준다. 학생들은 패턴 속에 있는 다른 요소들을 나타내기 위해 세모와 네모 패턴 블록을 사용하거나 그 도형을 그림으로 그려볼 수 있다. 블록을 사용한 후 블록과 똑같이 보이도록 하기 위해 녹색과 주황색으로 세모와 네모 모양을 색칠하는 것보다는 패턴 블록 사용에 친숙한 학생들에게는 바로 패턴 블록을 그려 나타내보도록 할 수도 있다.

그림 1.5는 학습 활동지에 있는 두 개의 질문에 대하여 한 초등학교 2학년생이 답한 예이다. 태란이는 열 개의 네모를 한 줄로 그려 시작했다. 그런 후 각 네모 위와 아래에 세모 한 개씩을 그렸다. 그 다음에는 도형의 첫 부분과 끝 부분에 세모를 그려 넣고 세모의 수를 세었다. 이 시점에서 모양을 녹색과 주황색으로 칠하고 그 답안을 교사에게 보여주었다. 교사가 "무엇을 그려야 할지 어떻게 알았어요?" 하고 질문했다. 태란이의 패턴 밑에 답변이 기록되어 있다.

아이들은 종종 그들이 처음에 즉각적으로 내놓는 답이 제시하는 것보다 더 많이 알고 있기도 한다. 자기의 사고를 입증해보도록 하고 그린 그림에 대하여 상세히 설명해보도록 촉구하는 것이 중요하다.

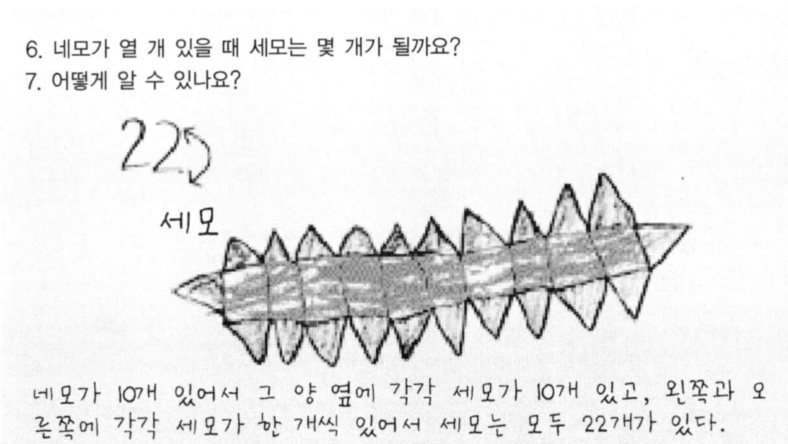

그림 1.5
학습 활동지 [어떻게 성장할까?]의 문제 6과 7에 대한 태란이의 답

위에는 무엇이 있을까?

2학년

요약

학생들이 반복 패턴을 서술하고 패턴을 연장하며 패턴 속의 요소들이 그 패턴 상에서 그들이 자리잡은 위치와는 어떤 관계를 가지고 있는지 조사한다.

학습 목표

반복 패턴과 성장 패턴이 어떻게 생성되는지 분석해 보라.

- 도형으로 만들어진 반복 패턴을 서술하고, 연장하며 분석해보고 도형으로 새로운 반복 패턴을 만든다.
- 패턴 요소들을 그 패턴 속에서의 위치에 연관시키고 그들의 관계를 일반화한다.

사전 지식

- 홀수와 짝수 인식하기
- 둘씩, 셋씩, 다섯씩, 열씩 건너띄어 세기
- 합이 99까지 되는 두 자리 수 더하기

학습 자료 및 교구

- 학생들이 패턴을 만들 줄이 그어진 긴 종이
- 칠판, 게시판 또는 포스터 보드

활동

도입하기

칠판이나 포스터 보드에 패턴 1.3을 그린다. 학생들에게 보이는 대로 설명을 해보라고 한다. 학생들이 도형의 배열을 주시해보도록 하고 여러 가지 모양을 파악하도록 한다. 숫자 열을 가리키면서 학생들에게 그 숫자를 읽도록 한다. 학생들이 패턴에 초점을 맞추어 볼 수 있도록 다음과 같은 질문을 한다.

패턴 1.3

□ △ □ △ □ △ □ △ □ △ …

1 2 3 4 5 6 7 8 9 10 …

- 왜 이것이 패턴이라고 생각하나요? (모양이 정사각형 하나, 삼각형 하나 이렇게 짝지어져 있고 이들 짝이 반복되기 때문입니다.)
- 숫자 6 위에는 무슨 모양이 있나요? (삼각형)
- 숫자 9 위에는 무슨 모양이 있나요? (정사각형)

탐구하기

마지막 삼각형과 숫자 뒤에 있는 세 개의 점은 모양으로 된 패턴과 숫자가 계속됨을 말하는 것이라고 가르쳐준다. 학생들에게 패턴을 연장시키고 요소를 분석해보라고 한다. "이제 이 패턴을 보고 여러분이 볼 수 없는 부분에 대하여 생각해보고 과연 어떻게 생긴 것일까 한번 상상해보세요. 볼 수 있나요? 좋아요." 하고 말하고 나서 다음과 같은 질문을 한다.

- 어떤 모양인가요? (정사각형) 다음 숫자는? (11)
- 20 위에는 어떤 모양이 올까요? (삼각형) 어떻게 결정했나요?
- 위에 삼각형이 오는 다른 숫자들을 한번 생각해볼 수 있나요? 어떤 수들인가요? (짝수만 말해야 한다.)
- 31 위에는 어떤 모양이 올까요? (정사각형) 위에 정사각형이 오는 다른 숫자들은 무엇인가요? (홀수만 말해야 한다.) 어떻게 알 수 있나요?
- 어떤 수들이 삼각형 아래에 오나요? (홀수들) 정사각형 아래는? (짝수들)
- 숫자 100 위에는 어떤 모양이 올거라고 생각하나요? (삼각형) 어떻게 해서 그렇게 결정했나요?
- 처음부터 스무 번째까지의 모양 중에서 삼각형은 몇 개가 있을까요? (10개) 어떻게 결정했나요?
- 처음부터 백 번째까지의 모양 중에서 정사각형은 몇 개가 있을까요? (50개) 왜 그렇게 결정했나요?

패턴 1.4를 보여주면서 계속하여 다음과 같은 질문을 한다.

패턴 1.4

□	△	○	□	△	○	□	△	○	□	…
1	2	3	4	5	6	7	8	9	10	…

- 어떤 패턴을 볼 수 있나요?
- 패턴이 반복되는 부분은 몇 개의 모양들로 되어 있나요? (세 개) 어떤 모양들인가요? (정사각형, 삼각형, 원)
- 첫 번째에서 네 번째까지의 정사각형 아래에 있는 숫자들은? (1, 4, 7, 10) 1과 4의 차이는? (3) 4와 7의 차이는? (3) 7과 10의 차이는? (3) 그 다음에 오는 정사각형 아래에는 어떤 숫자가 올거라고 생각하나요? (10 + 3 또는 13)
- 3 위에는 어떤 모양이 있나요? (원) 이 패턴이 15개의 모양으로 되어 있다고 상상해보세요. 원 아래에 오는 수들은 무엇인가요? (3, 6, 9, 12, 15) 이 숫자들은 무엇인가요? (셋씩 띄어 셀 때 말하는 수입니다.)

패턴 1.5를 보여주고 다음과 같이 질문한다.

- 어떤 패턴이 보이나요?
- 반복되는 패턴 부분에서는 몇 개의 모양을 볼 수 있나요? (세 개)
- 10과 20 사이의 숫자 중 위에 삼각형이 오는 수는? (12, 15, 18)
- 첫 번째에서 스무 번째까지의 모양 중에는 정사각형이 몇 개 있을까요? (열네 개) 어떻게 결정했나요? (수 여섯 개, 즉 3, 6, 9, 12, 15와 18은 삼각형이므로 나머지는 정사각형입니다.)

패턴 1.5

□	□	△	□	□	△	□	□	△	□	…
1	2	3	4	5	6	7	8	9	10	…

패턴 1.6을 보여주고 다음과 같은 질문을 해본다.

- 어떤 패턴이 보이나요?
- 반복된 패턴 부분에 몇 개의 모양이 있나요? (다섯 개)
- 35 위에는 어떤 모양이 올까요? (원) 어떻게 알 수 있나요? (다섯

△	△	□	□	○	△	△	□	□	○	△	△	□	□	○	…
1	2	3	4	5	6	7	8	9	10	11	12	13	14	15	…

패턴 1.6

씩 띄어 세면 35를 말하게 됩니다.)

- 첫 번째 모양부터 오십 번째까지의 모양 중에는 원이 몇 개 있을까요? (열 개)

확장하기

학생들에게 줄이 그어진 긴 종이를 줘서 모양과 숫자로 패턴을 만들어보고 이에 관련된 질문을 만들어서 자신의 패턴을 학급 친구들과 교환해보도록 한다. 학생들이 이 책에 첨부된 CD-ROM에 있는 컴퓨터 애플릿이나 패턴 생성기(pattern generator)를 즐겁게 해볼 수도 있다. 패턴 1.7에 있는 것처럼 단어와 수를 가지고 한번 패턴을 만들어보라고 학생들에게 제안을 해보는 것도 좋다.

M	A	T	H	M	A	T	H	M	A	T	H	…
1	2	3	4	5	6	7	8	9	10	11	12	…

패턴 1.7

토론

'위에는 무엇이 있을까?' 학습 활동을 통하여 학생들은 반복 패턴에 대한 지식을 확장할 수 있을 뿐만 아니라 패턴 속에 있는 모양과 그들의 위치와 숫자 세기를 연관시킬 수 있게 된다. 이들의 관계는 홀수와 짝수, 그리고 배수(예, 셋씩 띄어 세기는 3의 배수를 생성함)를 다루는 정수 이론에 대한 아이디어를 보강시켜준다.

이 모든 활동을 통하여 학생들은 패턴을 설명해보고, 다음에 무엇이 오게 되는지 예측해보며, 자신의 답을 설명할 수 있도록 하는 데 그 초점을 맞췄으며, 여기에 있는 활동들은 모두 추론 능력과 의사 소통 능력을 향상시켜준다. 학생들이 패턴을 만들어보고 자신이 만든 패턴에 관한 질문을 만들어 써보고 이것을 학급 친구들과 함께 이야기해보면서 의사 소통 능력을 더 강화시킬 수 있게 된다.

고인지 이름을 사용하여 아래와 같은 패턴을 만든 것처럼 학생들이 자기의 이름으로 단어-수 패턴을 만들어볼 수 있다.

고	인	지	고	인	지	고	인	지	…
1	2	3	4	5	6	7	8	9	…

서술해보면서 의사 소통할 수 있는 능력을 길러주어야 한다. (NCTM, 2000, 62쪽)

CHAPTER 02

변수와 등식

Navigations Series Prekindergarten-Grade 2

변수의 개념을 이해하는 것은 대수의 근본으로 Schoenfeld와 Arcavi(1988, 420쪽)의 저서에 기술된 것처럼 "이는 모든 고등 수학을 의미 있게 사용하려면 필수적인 것이다." 유아 · 유치원에서 초등 2학년까지의 단계에서 학생들은 변하거나 변하지 않는 미지수를 나타내기 위하여 글자(예, *a*, *d*, *s*)와 기하학적 도형(정사각형, 삼각형)을 포함하여 다양한 기호를 사용하는 것을 탐구해본다. 변수는 또한 산술의 속성을 일반화하기 위해 사용되기도 한다.

미지수인 변수

모르는 수와 변하지 않는 수는 종종 방정식에서 **미지수(unknown)** 또는 **미지의 요소(missing element)**로 일컬어진다. 따라서 그 예를 들어 본다면, 덧셈식 □ + 4 = 10에서, 정사각형은 미지수나 미지의 가수(missing addened)인 6을 나타낸다. 곱셈 식 3×□ = 12에서 정사각형은 미지수 또는 미지의 인수(missing factor)인 4를 상징한다.

산술을 공부하는 초기에 학생들은 미지의 가수와 미지의 인수에 대한 수많은 문제를 경험하게 되지만, 이들 모두 또는 대부분의 학생들이 갖게 되는 경험은 미지수가 하나인 상황으로만 한정되어 있다. 이번 장에 수록된 학습 활동에서는 변수가 하나인 문제들뿐만 아니라 변수가 두 개인 문제를 가지고 그 값을 찾아봄으로써 학생들은 미지수로서의 변수에 대한 이해력을 발전시키고 확장시켜 줄 기회를 제공받게 된다. 더 복잡한 문제를 분석해보고 풀어봄으로써 학생들은 방정식을 바꾸는 대수적 기법에 대한 경험을 쌓고 해답을 산출하거나 증명하기 위하여 변수를 값으로 대치하는 법을 배우게 된다.

'컵 속의 공깃돌 수 알아맞히기', '점박이 강아지', '블록 무게 알아맞히기'와 '거리는 얼마일까요?' 등의 학습 활동은 학생들에게 미지의 가수로의 변수 사용을 탐구하고 변수를 사용하여 방정식을 써보고, 방정식의 풀고, 미지의 가수를 찾는 방법을 조사하며, 변수를 값으로 대치하여 문제를 풀어볼 수 있는 기회를 제공한다.

방정식을 바꾸어주고 변수 문제를 해결하는 기법을 이해하는 데 있어서 중요한 것은 등식(等式, equality)의 개념에 있다. 저학년의 '균형 맞추기' 학습 활동에서 평형 접시는 방정식(저울이 평형임)을 나타내고 부등방정식(저울이 평형이 아님)을 보여주는 모델로 사용된다. 학생들은 평형이 유지될 수 있는 방법들을 탐색해보면서 평형이 된 양쪽 접시 위에 똑같은 무게를 보태거나 양쪽에서 똑같은 무게의 물체를 빼내도 저울은 균형을 잃지 않는다는 것을 배우게 된다.

달라지는 변수

유치원이나 초등학교 1학년 수학 프로그램에서의 공통된 학습 활동은 수를 두 개의 가수로 나누는 것으로 학생들에게 두 개의 컵과 10개의 공깃돌을 주어서 여러 가지 방법으로 10개의 공깃돌을 두 컵에 나누어 넣어 보게 한다(0과 10, 1과 9, 2와 8, …). 만약 두 개의 컵을 사각형과 삼각형과 같은 변수로 나타내본다면 두 컵 활동은 □ + △ = 10으로 표현할 수 있다. 이 문제에서 변수 □와 △는 달라지는 변수로, 즉 각 변수는 정해진 값이 없다는 것이다. 더 나아가, 도형 하나에 일단 어떤 값이 정해지면 다른 변수의 값이 결정된다. 수학적으로, 먼저 정해진 변수의 값을 나중에 정해진 변수의 값에 대한 **독립변수**라고 말하고 두 번째 변수의 값은 첫 번째 변수의 값에 대한 **종속변수**라고 말한다.

'화려한 조합'과 '두 가지 모양' 학습 활동에서 학생들은 변화하는 수를 파악해보고, 그와 같은 수를 변수로 나타내보고 변수의 값을 해결해보는 체험을 하게 된다. 변화하는 수를 다루어보는 것은 바로 함수를 배우게 되는 길로 이끌어준다.

산술의 속성을 일반화하는 변수

학생들은 자연수의 산술적 연산을 탐구해보면서 수의 값과는 상관없이 변하지 않는 여러 가지 다른 속성이나 산술 관계에 대하여 배우게 된다. 덧셈 문제에서 가수들(addends)의 순서를 바꾸어도 그 합은 달라지지 않는다는 것도 배우게 된다(예, 3 + 4 = 4 + 3). 변수를 사용하여 이를 일반화하면 $a + b = b + a$로 나타낼 수 있다. 마찬가지로 덧셈에서 0의 속성은 □ + 0 = □ 부호로 나타내며 □는 어떤 수로도 대체될 수 있다. 저학년 학생들은 언어를 사용하여 이들 속성을 서술하고, 변수로 이들을 표현하며, 문제를 내기 위해 값으로 변수를 대체하는 것을 배운다. '점박이 강아지', '화려한 조합', '두 가지 모양' 학습 활동은 학생들에게 자연수의 덧셈에 있어서 교환법칙(commutative property)과 "0"의 속성을 일반화하고 적용할 수 있는 상황을 제시해준다.

학생 성취에 대한 기대

초등학교 2학년 말이 되면 학생들은 기하학적 모양이 방정식에서 미지수의 값을 대신할 수 있다는 것을 이해하게 되고, 기하학적 모양을 이용하여 미지의 가수(missing addend)로 된 방정식을 쓸 수 있어야 하며, 이러한 방정식을 해결할 수 있어야 한다. 가수의 쌍으로 수들을 가르고 탐구해보면서 학생들은 두 개의 변수와 하나의 일정한 합으로 구성된 방정식을 다루어보는 경험을 얻게 된다. 이와 같은 경험과 이 책에 수록된 다른 경험들을 통하여 학생들은 방정식 □ + △ = 10에서 변수 □와 △는 변할 수 있다는 것을 깨달을 수 있어야 한다. 학생들은 자연수로 된 덧셈의 속성(예, 0의 속성, 교환 성질)을 일반화해보면서 변화하는 수를 표현하기 위해 변수를 사용할 수 있는 능력을 한층 더 발달시킨다.

'양팔 저울' 학습 활동을 통하여 학생들은 고학년에서 방정식을 다루기 위한 준비 과정으로 어떻게 저울의 평형을 이루고 이를 유지(등식)시킬 수 있는지를 학습하게 된다. 초등학교 2학년 말까지 학생들은 양팔 저울의 양쪽 접시에 똑같은 물체를 더하거나 양쪽에서 똑같은 물체를 빼내도 평형 관계는 변하지 않는다는 것을 인지할 수 있어야 한다.

컵 속의 공깃돌 수 알아맞히기

유아원-유치원

요약

학생들이 컵 속에 있는 공깃돌 수를 세고 그중에서 몇 개의 공깃돌을 컵 밖으로 옮겨놓고 나서 컵 안에 몇 개가 남아 있는지를 결정한다.

물체, 그림, 기호를 사용하여 자연수의 덧셈과 뺄셈에 관련된 상황을 모델로 보여주라.

학습 목표

- 덧셈식에 있는 미지수로의 변수를 탐구한다.
- 미지의 가수를 알아낸다.

사전 지식

- 물체 10까지 세기

학습 자료 및 교구

- 학생 두 명당 5~10개의 공깃돌
- 학생 두 명당 작은 종이컵 한 개
- 칠판, 게시판 또는 포스터 보드

활동

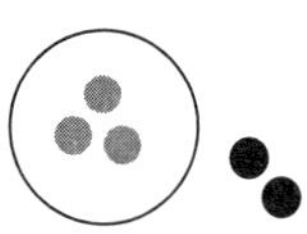

마술을 부리거나 비밀이 있는 게 아니다. 학생들 모두 몇 개의 공깃돌이 컵 속에 들어 있고 몇 개가 옮겨졌는지 안다. 어린 학생들이 컵 속에서 새로운 공깃돌이 "생기거나" 없어지지 않았다는 것을 확신시킬 수 있도록 이 활동을 여러 번 반복해야 한다.

도입하기

"컵 속의 공깃돌 수 알아맞히기" 게임을 한다.

- 한 학생을 불러 공깃돌 5개를 세어 컵 속에 넣게 한다.
- 다른 학생에게 컵 속에서 공깃돌 몇 개를 꺼내서 이들을 세어보도록 한다.
- 세 번째 학생을 불러 "컵 속에는 공깃돌이 몇 개 남아 있을까?" 하고 질문한 후 이에 답해 보도록 한다.
- 컵을 뒤집어엎는다. 답을 확인하기 위해 학생들에게 남아 있는 공깃돌을 함께 세어보도록 한다.

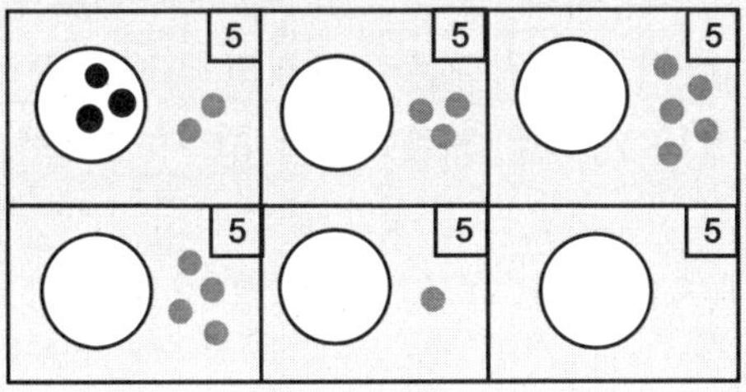

그림 2.1
공깃돌 5개를 사용한 게임 "컵 속의 공깃돌 수 알아맞히기"의 다양한 놀이 방법 설명

탐구하기

그림 2.1을 칠판에 그린다. 큰 원은 컵을 나타낸다. 큰 원 안에 작은 원 모양은 컵 속에 남아 있는 공깃돌을 나타낸다. 원 밖의 작은 원 모양은 밖으로 옮겨진 공깃돌을 나타낸다. 학생들에게 첫 번째 예를 보고 보이는 대로 이야기해보게 한다. 처음에 5개의 공깃돌을 컵 속에 넣고 여러 가지 다른 수의 공깃돌을 컵 속에서 빼내어 옮기면서 어떻게 이를 그림으로 그리는지 이야기해본다. 학생들을 지명해서 컵 속에 남아 있는 공깃돌들을 빼서 옮기고 그림을 그려가면서 여러 가지 다른 문제를 완성해보라고 한다. 공깃돌을 6개, 7개, 8개 등으로 시작해서 똑같은 진행 과정으로 해본다. 컵 속에 있는 모든 공깃돌을 다 빼내어 옮길 때까지 상황을 보여주는 그림을 그리게 한다.

확장하기

학생들이 일정한 수의 공깃돌을 가지고 다양한 게임을 해보고 그 결과를 체계화하는 방법을 배울 수 있도록 하고, 변수를 사용하여 식을 만들어 써볼 수 있도록 공깃돌 5개로 하는 게임의 결과를 보여주는 그림 2.2와 같이 학생들에게 표를 만들어보도록 도와준다. 학생들에게 빈 정사각형은 컵 속에 남아 있는 공깃돌의 수를 나타

컵 속의 총 공깃돌 수	밖으로 옮긴 공깃돌 수	컵 속에 남아 있는 공깃돌 수
5	2	□
5	4	□
.	.	.
.	.	.
.	.	.

그림 2.2
공깃돌 5개를 사용한 게임 "컵 속의 공깃돌 수 알아맞히기" 결과를 기록하는 표

낸다고 말한다. 컵 속에 남아 있는 공깃돌 수를 알아내는 여러 가지 방법에 대하여 이야기해본다. 6개의 공깃돌을 가지고 시작해서 똑같은 과정으로 게임을 해본다. 그리고서, 학생들을 둘씩 짝지은 다음 공깃돌을 7개, 8개 또는 9개를 주면서 이와 똑같은 과정을 따라 게임을 해보고 표를 완성하기 위해 필요한 자료를 보고하도록 한다. 이전에 한 것과 같이 자료를 표에 기록한다. 다음 단계로 학생들에게 표에 있는 자료를 보고 덧셈식과 뺄셈식을 써보도록 한다. 예를 들면, 2 + □ = 5 또는 5 − 2 = □.

토론

'컵 속의 공깃돌 수 알아맞히기' 학습 활동을 소개한 후 이 게임을 정기적으로 해보도록 하고 변수를 사용하여 수식을 만들어 써보는 것을 서너 달 동안 계속 연습시켜 이에 대한 개념을 발달시킬 수 있도록 해야 한다. 이 활동은 덧셈과 뺄셈 구구를 수반하는 계산을 연습할 수 있게 해주므로 더하기와 빼기 학습에 함께 사용할 수 있다. 자료를 정리해보는 활동은 학생들의 표현 능력을 발달시켜주므로 이 학습 활동을 학생들에게 반복시킬 때마다 그림과 표에 있는 정보를 정리해보는 데 중점을 두게 된다.

점박이 강아지

유치원-초등 1학년

특정한 수를 사용하여 교환성(commutativity)과 같은 일반 원리, 연산의 속성을 예시해보라.

요약

여러 가지 다른 수의 점을 가진 점박이 강아지의 그림을 가지고 학생들은 일정한 합을 구해보고, 방정식을 작성해보며 자연수의 덧셈 교환법칙과 "0"의 속성을 탐구해보고 미지의 가수를 구한다.

학습 목표

- 덧셈식을 쓴다.
- 변수를 사용하여 미지의 가수 방정식을 쓴다.

■ 덧셈의 교환법칙과 “0”의 속성을 적용한다.

사전 지식

■ 물체 12개까지의 집합 수 세기

■ 덧셈식 쓰기

■ 덧셈 구구 알기

학습 자료 및 교구

■ [점박이 강아지] 학습 활동지

각 학생당 강아지 여섯 마리가 그려진 학습 활동지 한 장씩 복사하여 이 그림들을 틀에 따라 자른다.

100쪽

■ 각 학생당 강아지 그림 6개를 넣을 봉투 한 장

■ 칠판 또는 교실 내 기타 게시판

■ 각 학생당 방정식을 기록할 종이 한 장

활동

도입하기

각 학생에게 여섯 마리 강아지 그림이 든 봉투 하나씩 준다. 학생들에게 봉투에서 강아지 그림을 빼내어 강아지마다 가지고 있는 점이 몇 개인지 세어보게 한다. 두 마리의 강아지 점을 합하여 총 4개(예, 3 + 1, 4 + 0), 5개, 6개, 7개, 8개, 9개가 될 수 있도록 하려면 강아지 그림을 어떻게 두 개씩 짝지어 놓을 수 있는지 질문한다. 학생들이 어떻게 두 마리의 강아지 그림을 합쳐서 점의 합계를 각각 4와 5로 만들었는지 이야기할 때 그 덧셈식을 칠판에 쓴다. 학생들을 불러서 두 마리의 강아지 점의 합 6, 7, 8과 9를 만들기 위해 나란히 사용한 강아지들의 점의 수를 가지고 이에 대한 덧셈식을 칠판에 써보도록 한다. 덧셈식을 말할 수는 있지만 이를 잘 기록하지 못하는 학생들을 도와준다.

탐구하기

“미지수의 점” 문제를 풀어보도록 학생들에게 제시한다. 예를 들어, “두 마리의 강아지가 있어요. 점의 수를 모두 합치면 5개가 되어요. 그 중에 한 마리 강아지에게 3개의 점이 있다면 다른 한 마

3 + △ = 5

리에는 몇 개의 점이 있을까요?" 하고 말한다. 덧셈식 3 + △ = 5를 쓴다. 숫자 3과 △, 그리고 숫자 5를 하나씩 가리키면서 학생들에게 이들 각각의 기호가 무엇을 나타내는지 말해보도록 한다. 삼각형을 대신하는 값은 무엇인지 학생들에게 물어본다. 알맞은 점의 수를 가진 강아지를 찾아서 그 점을 세어보거나 더해 봐서 학생들이 답을 확인해볼 수 있도록 격려한다.

덧셈에서의 영(0)의 속성을 소개하거나 보강시켜주기 위해 다음과 같이 미지수의 점 문제를 내본다.

> 강아지 두 마리를 가지고 있어요. 이들의 점을 모두 합하면 4개입니다. 그중 강아지 한 마리가 4개의 점을 가지고 있어요. 다른 한 마리는 점이 몇 개일까요? (4 + □ = 4)

또는 다음과 같은 문제를 제시해볼 수도 있다.

> 강아지 두 마리를 가지고 있어요. 이들의 점을 모두 합하면 4개입니다. 그중 한 마리 강아지는 0개의 점을 가지고 있어요. 다른 한 마리는 점이 몇 개일까요? (0 + □ = 4)

위의 두 등식은 덧셈의 교환성(commutative property)을 설명하고 있다.

확장하기

학생들에게 덧셈이 수반되는 두 개의 식으로 된 미지의 가수 방정식(missing-addend equation) 문제를 제시한다. 예를 들면,

> 두 개의 개집을 가지고 있어요. 각 개집마다 점의 합계가 똑같아요. 한 개집에는 두 마리의 강아지가 들어 있어요. 각 강아지마다 점이 3개 있어요. 다른 개집에도 두 마리의 강아지가 들어 있어요. 그중 한 마리 강아지에게 점이 4개 있어요. 이 개집의 다른 강아지는 점이 몇 개일까요?

학생들은 점을 보여주기 위해 그림을 그리거나 강아지 그림이 들어 있는 봉투를 합하여 다른 강아지 한 마리는 점이 2개라는 것

을 알아낼 수 있다.

학생들이 점의 수를 알아낸 후 다음과 같은 등식을 칠판에 쓴다.

$$3 + 3 = 4 + \square$$

학생들을 불러서 각각의 수 3은 무엇을 나타내고 4라는 수는 무엇을 나타내며 사각형은 무엇을 나타내는지 말해보도록 한다. 두 수 3을 합하여 어떻게 간단한 등식을 쓸 수 있는지 이야기해본다.

$$6 = 4 + \square$$

그런 후 사각형의 값을 알아보는 방법을 검토해본다.

토론

'점박이 강아지' 학습 활동은 학생들이 덧셈식에서 미지의 가수와 덧셈 등식 간의 연관성을 볼 수 있게 해준다. 이 활동은 덧셈의 교환법칙과 "0"의 속성을 학생들에게 소개하며 한 자리 수의 덧셈을 연습할 수 있도록 해준다.

화려한 조합

1학년

요약

학생들이 퀴즈네르 막대를 사용하여 수 가르기를 가수의 쌍으로 표현한다.

학습 목표

- 변수를 사용하여 수량을 표현한다.
- 문제를 풀기 위해 덧셈과 뺄셈을 사용한다.
- 연산(operations)의 속성을 적용한다.

물체, 그림, 그리고 기호를 사용하여 자연수의 덧셈과 뺄셈에 관련된 상황을 모델로 보여주라.

사전 지식

- 물체를 길이에 따라 순서대로 놓기
- 각 막대를 하나의 수와 연관시키기: 이를테면 흰색이 1이면 빨강색은 2(두 개의 흰색 막대를 길게 붙여 놓으면 길이가 똑같음), 초록색은 3(세 개의 흰색 막대를 길게 붙여 놓으면 길이가 같음) 등등.

학습 자료 및 교구

101쪽

- 모둠별로 학생들이 함께 사용할 수 있는 퀴즈네르 막대 여러 세트
- 실물화상기용 퀴즈네르 막대 한 세트 또는 모델용 긴 막대 몇 개
- 학습 활동지 [막대 합계]

활동

퀴즈네르 막대 값

흰색이 1이라면
빨간색은 2,
초록색은 3,
보라색은 4,
노란색은 5,
진녹색은 6,
검정색은 7,
갈색은 8,
파란색은 9,
주황색은 10.

도입하기

검정 막대 하나를 위에 놓고 그 아래에 왼쪽 끝을 맞춰 노란색 막대 하나를 나란히 놓는다. 한 학생을 불러서 노란색 옆에 어떤 색 막대를 놓으면 그 합한 길이가 검정 막대와 같게 되는지 알아보게 한다. 빨간색 막대(흰색 두 개 또는 두 단위와 같은 값)가 그 문제의 답이다. 학생들에게 막대 세 개의 길이들 간의 관계를 어떻게 여러 가지로 기록할 수 있는지 이야기해보도록 한다. 예를 들어, 노란색과 빨간색 막대들을 합하면 검정색 막대 하나의 길이와 같아지므로

노랑 + 빨강 = 검정, $Y + R = B$, $B = Y + R$, $5 + 2 = 7$.

학생들이 컴퓨터 화면 상에서 가상 막대를 조작해볼 수 있도록 구입한 소프트웨어에서 퀴즈네르 막대를 스캔하거나 복사할 수 있다.

탐구하기

학생 개별 또는 각 모둠에게 학습 활동지 [막대 합계]를 나눠준다. 각 학생 또는 모둠에게 막대 하나를 (진녹색, 검정, 갈색, 파란색 또는 주황색 중 어느 색이든) 할당한다. 두 개의 막대를 길게 연결하여 이 할당된 막대의 길이와 같게 만들 수 있는 막대의 쌍을 가능한 한 모두 찾아보게 한다. 표에 그 쌍들을 기록하고 수식으로 써보게 한다. 표를 완성하는 방법을 예시해주어야 할 수도 있다.

첫 번째 막대					
+ 두 번째 막대	+	+	+	+	+
= 할당된 막대	=	=	=	=	=

어떤 학생들에게는 덧셈의 예를 가로식으로 쓰게 하는 것보다는 세로식으로 쓰게 하는 것이 더 성공적일 수도 있다. 그런 학생들에게는 왼쪽에 있는 표를 보여주어도 좋을 것이다.

학생들이 표를 완성하고 나서 자신들이 발견한 관계를 서로 이야기해보도록 한다. 다음과 같은 질문을 해본다.

- 여러 가지 다른 막대의 쌍을 몇 개나 찾아낼 수 있었나요?
- 왜 파란색 막대보다 주황색 막대가 더 많은 쌍을 가지고 있다고 생각하나요?
- 같은 색 막대 두 개를 사용하여 진녹색 하나를 만들 수 있나요? 검정색은?
- 같은 색 막대를 두 개 사용하여 만들 수 있는 막대들은?
- (**등식과 기호를 칠판에 쓴다.**) 검정 막대 하나를 만들 수 있는 모든 쌍을 찾아보는 작업을 표현하기 위해 왜 □ + △ = 7이라고 쓸 수 있나요? □는 무엇을 나타내나요? 만일 □의 값을 안다면 △의 값을 어떻게 찾아낼 수 있을까요?

학생들이 할당된 막대의 값과 같도록 하기 위해 어떤 짧은 막대를 연결해야 하는지 알아보면서 길이를 어림해보는 기술을 연습하게 된다.

확장하기

어떤 학생들은 할당된 막대를 만들기 위해 세 개의 막대를 조합시켜보고 싶어할 수도 있다. 예를 들어, 주황색 막대(10)는 초록색 막대 두 개와 보라색 막대 하나를 연결시켜 만들 수 있다. 학생들이 세 개의 막대를 가지고 만든 것을 수식으로 만들어 볼 수 있다(예, 3 + 3 + 4 = 10).

토론

본 활동을 마치는 과정으로 학생들은 덧셈과 뺄셈에 관련된 몇 가지 수학적 원리를 비공식적으로 탐구해볼 수 있는 기회를 갖는다. 여기에서 가장 기본적인 것은 덧셈과 뺄셈 간의 본질적인 관계로 뺄셈을 역으로 하면 덧셈이고 덧셈을 역으로 하면 뺄셈이 된다는 것이다. 학생들이 미지의 막대를 찾아내기 위해 덧셈식을 완성하는 데 뺄셈을 사용할 수 있다는 것을 알게 된다.

학생들은 덧셈식에서 숫자들 사이의 관계를 우연히 알게 될 수도 있다. 예를 들면, 한 학생이 갈색의 길이와 같게 만드는 두 개의 막대를 찾아볼 수 있다. 두 개의 보라색 막대를 길게 합하면 한 개의 갈색 막대와 길이가 같다는 것을 발견한 후 노란색(보라색보다 1이 많음)과 초록색(보라색보다 1이 작음) 막대들도 조합하면 한 개의 갈색 막대가 된다는 것을 발견할 수 있다. 즉, 이는 한 가수에 1이 증가하면 다른 가수에는 1이 감소되어야만 한다는 것이다.

학생들은 또한 막대의 길이 2, 4, 6, 8과 10, 즉 짝수로 된 막대의 길이는 똑같은 색깔로 된 두 개의 막대를 사용하여 만들 수 있다는 것을 발견하게 된다. 이와 같은 발견은 짝수를 $2n$으로 표현할 수 있는 단계로 이끌어준다. 학생들이 홀수로 된 막대 길이는 같은 색깔로 된 두 개의 막대에 흰색 막대 하나를 더하면 된다는 것을 깨닫게 될 수도 있다. 이들은 $2n + 1$ 식으로 표현되는 홀수들이다.

해리와 같은 (작품을 보시오) 많은 학생들은 표에 자신들이 사용한 막대를 나타내기 위해 색깔을 사용할 것이다. 다른 학생들은 색깔을 나타내는 기호를 사용할 수도 있다. 학생들이 막대들을 그릴 때 실제 이들 길이의 비율대로 그리는지 주목해야 한다. 막대의 길이를 비례적으로 그린다는 것은 높은 이해력의 단계에 이르렀다는 것을 알려준다.

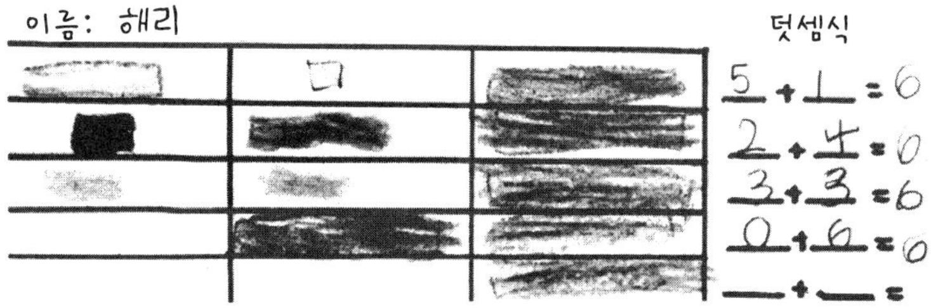

때때로 학생들은 덧셈을 뺄셈으로, 뺄셈을 덧셈으로 기록하기도 한다. 동수는 네 개의 덧셈식을 정확하게 썼다. 하지만 마지막 식은 7 + 1 = 6으로 뺄셈식을 덧셈식으로 기록하였다. 만일 학생들이 이와 같은 실수를 하게 되면 6 + 1 = 7과 7 − 1 = 6 두 식을 함께 보여주고 각 식에 있는 수 7의 위치를 주목하게 한다.

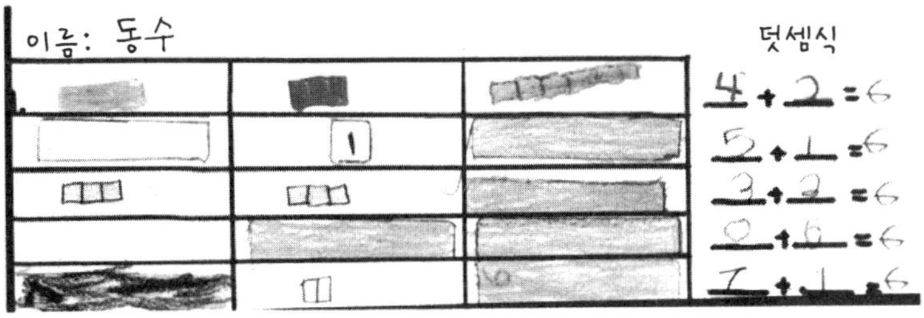

두 가지 모양

1-2학년

요약

주어진 일정 수의 칩을 가지고 학생들이 정사각형과 삼각형의 모양 위에 칩을 분배하여 놓도록 하고, 각 모양 위에 있는 칩의 수를 기록하게 한다. 모든 가수의 쌍을 기록한 후 학생들은 칩의 수와 가수의 쌍의 수 사이에 있는 관계를 일반화해본다.

학습 목표

- 가변수(varing quantities)를 확인해본다.
- 가변수를 나타내기 위해 기호를 사용한다.
- 함수 규칙을 설명한다.
- 주어진 수의 합이 되는 가수의 쌍들을 확인해본다.

> 대수적 기호를 사용하여 수학적 상태와 구조를 반복하고 분석하라.

사전 지식

- 덧셈과 등호를 사용하여 수식 쓰기

학습 자료 및 교구

- 각 학생 또는 모둠당 칩 10개씩
- 각 학생 또는 모둠당 큰 삼각형과 정사각형 한 개씩
- 학생들이 결과를 기록할 종이 한 장

활동

도입하기

정사각형 위에 칩이 2개 있고 삼각형 위에 칩이 3개 있는 경우와, 정사각형 위에 칩이 3개 있고 삼각형 위에 칩이 2개 있는 경우는 서로 다르다는 점을 학생들이 분명히 알고 이에 동의하게 하라.

학생들에게 정사각형과 삼각형 하나씩, 그리고 칩 5개를 보여준다. 학생들에게 무슨 모양인지를 말하게 하고 칩의 수를 세도록 한다. "이들 모양 위에 5개의 칩을 어떻게 나누어 놓을 수 있을까요?" 하고 물어본다. "또 다른 방법이 있다고 생각하는 사람 있나요?" 하고 질문하여 학생들이 가능한 모든 방법을 찾아낼 수 있도록 격려한다.

학생들에게 이 모든 답을 어떻게 기록할 것인지 제안해보도록 한다. 학생들이 제안한 방법대로 그들이 불러주는 여러 가지 가수의 쌍을 기록해본다. 목록이 완성되면 학생들에게 여러 가지 가수의 쌍이 몇 개인지 세어보게 한다(6).

탐구하기

다음과 같은 질문을 하여 학생들로 하여금 조사해보도록 한다. "이 두 가지 모양 위에 8개의 칩을 몇 가지 다른 방법으로 놓을 수 있을까요?" 학생들 스스로 발견한 결과를 종이에 꼭 기록해보도록 한다. 이 활동을 마친 후 학생들에게 어떤 방법으로 다르게 표현하였는지를 서로 이야기해보게 한다. 이와 같은 변동성(variation)과 교환(exchange)은 동일한 관계를 여러 가지 다른 방법으로 표현할 수도 있다는 것을 학생들로 하여금 깨닫게 해주는 좋은 기회가 된다. 다양한 표현 방법을 서로 토론해본 후 학생들이 여러 가지 가수의 쌍이 몇 개인지에 대하여 반드시 일치된 의견을 제시하게 해야 한다(9).

모양 하나의 위에 있는 칩의 수가 정해지면 다른 모양 위에 놓인 칩의 수가 결정된다는 것을 강조하기 위해 총 8개의 칩을 가지고 다음과 같은 질문을 해본다.

"동일한 생각이 다양하게 표현되어 있는 것을 해석할 수 있을 때 학생들의 수학적 개념과 절차에 대한 이해력이 강화된다." (NCTM, 2000, 139쪽)

- 만일 정사각형 위에 5개의 칩이 있다면 삼각형 위에는 몇 개의 칩이 있을까요? 어떻게 알 수 있나요?
- 만일 삼각형 위에 2개의 칩이 있다면 정사각형 위에는 몇 개의 칩이 있을까요?
- 두 번째 모양에 몇 개의 칩을 놓을 것인지 언제 알 수 있나요?

이와 같은 질문을 통하여 학생들의 인식력을 발달시켜줌으로써 이후에 학생들이 독립변수와 종속변수를 조사해볼 수 있는 단계로 이끌어준다.

적절한 시간을 두고 학생들로 하여금 각자 또는 짝을 지어 칩 한 개에서부터 10개까지를 가지고 두 모양 위에 나누어 놓을 수 있는 모든 방법을 알아보게 한다. 알아낸 모든 방법을 기록하게 한다.

확장하기

하나에서 10개까지의 각 수에 대한 자료를 모두 수집하게 되면 학생들에게 칩의 수마다 그 수를 만들 수 있는 모든 쌍의 수를 기록하고 칩의 수와 쌍으로 된 가수의 수 사이에 성립되는 관계를 설명해보도록 한다. 표 2.1에 있는 정보를 정리하면서 패턴을 더 선명하게 볼 수 있게 된다. 표 2.1 마지막 줄에 있는 사각형의 의미, 즉 이는 칩의 수를 뜻한다는 것을 이야기해본다. 따라서 가수의 쌍의 수는 칩의 수에 1을 더하는 것이다. 칩의 수가 12, 15 또는 25가 될 때 이 규칙을 적용하여 가수의 쌍이 몇 개인지를 알아내도록 하여 학생들에게 도전감을 줄 수 있다. 학생들에게 모든 가수의 쌍을 목록으로 기록하여 확인해보게 한다.

[표 2.1]

칩의 수	쌍의 수
1	2 (0 + 1, 1 + 0)
2	3 (0 + 2, 1 + 1, 2 + 0)
3	4 (0 + 3, 1 + 2, 2 + 1, 3 + 0)
4	5 (0 + 4, 1 + 3, 2 + 2, 3 + 1, 4 + 0)
□	□ + 1

토론

이 활동은 다양한 수준에 있는 학생들에게 칩의 수와 가수의 쌍의 수에 대한 관계를 탐구해볼 수 있는 기회를 제공한다. 어떤 학생들은 가수의 쌍을 몇 개밖에 찾아낼 수 없기도 하겠지만 다른 학생들은 가수의 쌍을 모두 찾아낼 수도 있다. 어떤 학생들은 쌍을 만들기 위해 칩을 사용하는 반면 다른 어떤 학생들은 칩과 쌍의 수에 대한 관계를 일반화해볼 수도 있다. 어떤 학생들은 삼각형과 사각형 안에 칩을 그려넣을 수도 있고 다른 학생들은 수식으로 기록할 수도 있다. 여러 가지 쌍을 잘 정리하여 기록한 것을 볼 수 있는 반면에 무작위로 기록된 것도 볼 수 있다. 시간이 흐르면서 학급 친구들의 생각을 엿보게 되고 이로써 학생들은 더 체계적으로 표현하게 되고, 기호를 현저하게 사용하게 될 것이다.

저학년 학생들은 모든 가수의 쌍을 알아보고자 할 때 “상대(opposites)”라고 일컬을 수 있는, 즉 3 + 6 = 9와 6 + 3 = 9와 같은 예에 초점을 맞추기도 한다. 처음에는 이같은 “상대”가 학생들로 하여금 목록을 만들 수 있도록 해주고 나중에 목록에 기입할 한 후보를 발견하게 되면 그에 대한 “상대”가 될 후보 또한 찾아낼 수 있게 된다. 이러한 명제의 쌍에 대한 관심은 덧셈의 교환법칙을 보강시켜줄 기회를 마련해준다.

블록 무게 알아맞히기

1-2학년

요약

그림에 나타난 정보를 가지고 물체의 무게를 구할 때 학생들이 미지수로서의 변수를 사용하는 방법을 탐구하게 된다.

학습 목표

물체, 그림 및 기호를 사용하여 자연수의 덧셈과 뺄셈에 관련된 상황을 모델로 보여주라.

- 미지수로서의 변수를 포함하는 문제를 푼다.
- 변수를 수로 대체하여 문제를 푼다.
- 동일한 관계를 그림과 등식으로 표현하는 것을 알게 된다.
- 그림으로 보여주는 관계를 덧셈식으로 쓴다.

사전 지식

- 덧셈 구구
- 뺄셈 구구
- 정육면체, 공모양, 원기둥 이름 알기

학습 자료 및 교구

- 학습 활동지 [블록 무게 알아맞히기]
- 칠판이나 게시판 또는 포스터 보드

102쪽

활동

도입하기

그림 2.2와 같이 저울 두 개를 칠판에 그린다. 그림에서 보는 것처럼 각 저울을 A와 B로 표기한다. 학생들에게 이것은 저울이라고 말하고 저울 위에 올려놓은 무게 블록을 보여준다. 다음과 같은 질문을 한다.

그림 2.2
무게 문제 1

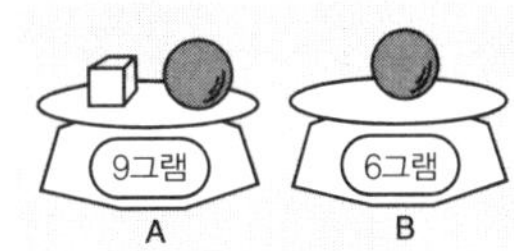

- **(B 저울을 가리킨다.)** B 저울 위에 놓인 것은 무엇인가요? (공모양 하나) 무게는 얼마인가요? (6그램)
- **(A 저울을 가리킨다.)** A 저울 위에 놓인 것은 무엇인가요? (정육면체 하나와 공모양 하나) 이 물체의 무게는 모두 얼마인가요? (9그램)
- 정육면체의 무게를 알아보세요. 어떻게 구했나요? (공모양이 6그램이므로 정육면체의 무게는 9 – 6으로 3그램입니다.)

그림 2.3
무게 문제 2

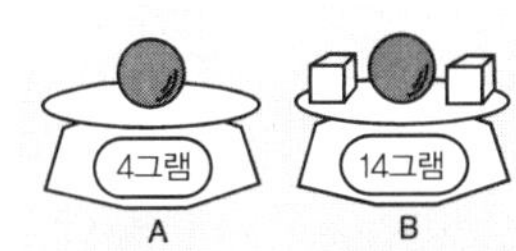

학생들에게 같은 모양의 블록은 무게가 똑같다는 것을 알려준다. 따라서 A 저울 위에 있는 공모양의 무게가 4그램이므로 B 저울 위에 있는 공모양의 무게도 4그램이어야 한다. 마찬가지로 정육면체의 무게도 서로 똑같다.

탐구하기

무게 문제 2가 제시된 그림 2.3을 칠판이나 포스터 보드에 그린다. 문제 1에서처럼, 블록 한 개의 무게를 알려준다. 하지만 문제 1과는 달리, 정육면체의 무게를 알아내기 위해 두 단계의 작업이 수행되어야 한다. 첫째로 두 정육면체의 무게가 정해져야 한다. 그러고서 각 정육면체의 무게를 알아내야 한다. 다음과 같은 질문을 한다.

- A 저울 위에 있는 블록은 무엇인가요? (공모양 하나)
- 공모양의 무게는 얼마인가요? (4그램) 어떻게 알 수 있나요? (저

울이 4그램이라고 보여주고 있어요.)

■ (**B 저울을 가리킨다.**) B 저울 위에는 무엇이 놓여 있나요? (공모양 하나와 정육면체 두 개)

■ 두 블록의 무게는 모두 얼마인가요? (14그램)

■ (**B 저울 위에 있는 공모양을 가리킨다.**) 이 공모양의 무게는 얼마인가요? (4그램)

■ 각 정육면체의 무게가 얼마인지 어떻게 알아낼 수 있나요? (공모양의 무게가 4그램입니다. 따라서 두 정육면체의 무게는 14 − 4, 즉 10그램입니다. 그러므로 각 정육면체의 무게는 5그램입니다.)

그림 2.4 무게 문제 3

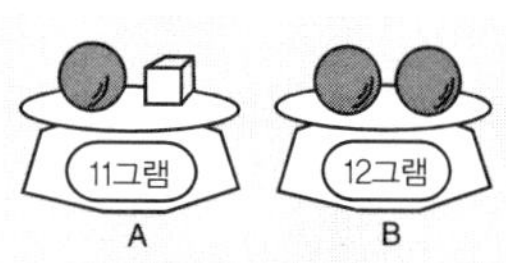

학생들에게 무게 문제 3(그림 2.4)을 제시한다. 이전의 두 무게 문제와는 달리, 이 문제에서는 블록 하나의 무게를 직접적으로 알려주지 않고 있다. 학생들은 둘 중 어떤 저울을 먼저 살펴보아야 할지 결정해야 한다. 똑같이 생긴 두 개의 블록이 놓여 있는 저울부터 시작하는 것이 최선이다. 추측하고 확인하기 또는 같은 수 둘을 사용하는 덧셈을 학생들이 생각해봄으로써 공모양의 무게를 알아낼 수 있기 때문이다. 다음과 같은 질문을 해본다.

■ A 저울 위에는 어떤 블록들이 있나요? (공모양 하나와 정육면체 하나) 이들 두 모양의 무게는 모두 얼마인가요? (11그램)
공모양의 무게가 얼마인지 알고 있나요? (아니요. 알지 못해요.)
정육면체의 무게는 얼마인지 알고 있나요? (아니요. 알지 못해요.)

■ B 저울 위에 놓인 블록은 어떤 것들인가요? (공모양 두 개) 이들의 무게는 모두 얼마인가요? (12그램)
공모양 하나의 무게가 얼마인지 알고 있나요? (예. 각각의 무게는 6그램입니다.)
어떻게 알아냈나요? (6 + 6 = 12, 따라서 12의 반은 6입니다.)

■ 정육면체의 무게를 알아낼 수 있나요? (예) 어떻게 알아낼 건가요? (공모양의 무게가 6그램이므로 정육면체의 무게는 11 − 6, 즉 5그램입니다.)

학생들에게 학습활동지 [블록 무게 알아맞히기]를 나눠주어 개별적으로 또는 짝을 지어 활동지를 풀도록 한다. 무게가 결정되면 학생들에게 블록에 무게를 기입해보도록 격려한다. 학생들이 문제를 다 풀고 나면 어떻게 풀었는지 이야기해보도록 한다.

[블록 무게 알아맞히기] 활동지의 문제는 난이도 순서대로 배열되어 있다는 것을 주지한다. 문제 1은 블록 하나의 무게를 직접 알려주고 있다. 문제 2는 다른 블록의 무게를 계산하기 전에 한 블록의 무게를 구하기 위해 두 개의 같은 수를 더하는 덧셈에 대한 지식이 요구된다. 문제 3과 4는 세 개의 저울에 각기 다른 블록이 놓여 있다. 문제 3에서는 공모양의 무게가 직접적으로 주어져 있어 다른 두 개의 저울 위에 있는 공모양을 그의 무게로 대체하여 원기둥과 정육면체의 무게를 파악한다. 문제 4에는 블록의 무게가 전혀 제시되어 있지 않다.

확장하기

학습 활동지에 있는 문제 1을 학생들에게 보여주고 이를 덧셈식으로 어떻게 쓸 수 있는지 보여준다(그림 2.5). "저울 A에 대한 등식은 정육면체의 무게에 원기둥의 무게를 더하면 14그램이라고 말하고 있어요. 저울 B에 대한 등식은 정육면체의 무게는 5그램이라고 말하고 있어요. 이 문제를 어떻게 풀 것인지 한번 이야기해봅시다. 이들 단계를 한번 적어 보겠어요."라고 말한다.

학생들을 불러서 어떻게 이 문제를 풀었는지 이야기해보도록 한다. 토론 중에 **대체**라는 용어를 사용하도록 격려한다. 해결하는 단계를 어떻게 기록하는지 보여준다. 이를테면 다음과 같다.

단계 1: 저울 B는 정육면체가 5(그램)이라고 보여준다.

단계 2: 등식 (A)의 정육면체를 5 로 대체한다. 그러면 5 +  = 14.

단계 3: 14에서 5를 빼어 원기둥 무게를 알아낸다. 14 − 5 = 9.

따라서 정육면체의 무게는 9그램이다.

계속해서 "블록 무게 알아맞히기" 문제 2를 가지고 단계를 기록해보고 이를 토론한다. 나머지 두 문제 3과 4는 학생들 개별적으로 또는 짝을 지어 단계를 기록해보도록 한다.

[블록 무게 알아맞히기] 해답

ㄱ. 정육면체는 5그램이고 원기둥은 9그램이다.
ㄴ. 공모양은 10그램이고 원기둥은 8그램이다.
ㄷ. 정육면체는 9그램이고, 원기둥은 4그램이며 공모양은 3그램이다.
ㄹ. 원기둥은 5그램이고 정육면체는 4그램이며 공모양은 8그램이다.

그림 2.5
"블록 무게 알아맞히기" 문제 1과 등식 A, B

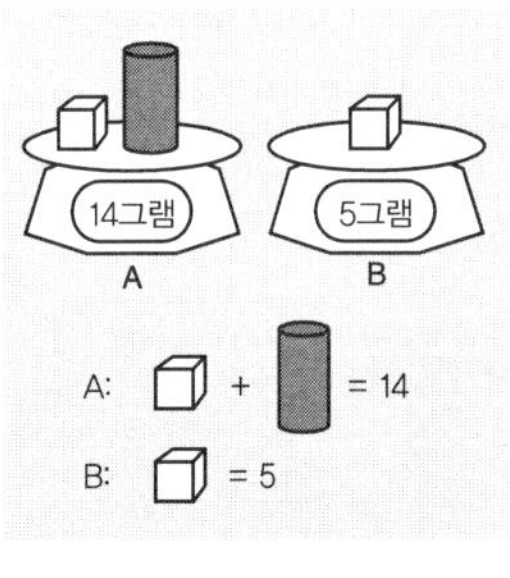

토론

'블록 무게 알아맞히기' 학습 활동은 등식에 변수를 사용하는 방법과 대체술, 덧셈과 뺄셈 기술을 적용하여 덧셈 등식을 푸는 방법을 어떤 학생들은 원기둥 무게를 알아보기 위해 5에서 14까지 세어 올라갈 수도 있다. 다른 학생들은 덧셈식 5 + 9 = 14 라는 것을 생각해낼 수도 있다. 또 다른 학생들은 뺄셈 또는 추측하고 확인하기를 사용하여 미지의 가수를 찾아낼 수도 있다.

학생들에게 소개해주는데, 이들은 모두 대수적 사고의 핵심이다. 덧셈식 세트를 사용하여 그림으로 나타내보는 것은 이야기 속에 제시된 대수 문제를 해결하는 데 있어서 중요한 기술인데, 이를 통해 단어를 기호로 전환할 수 있게 된다. 마지막으로, 학생들 스스로 문제를 어떻게 풀었는지 그 단계를 설명하고 기술해보면서 자신들의 사고를 문서화하고 반성하는 능력을 배우게 되는데, 이는 모든 학습에서 중요하다.

균형 맞추기

1-2학년

요약

각 양팔 저울 위에 하나 또는 여러 개의 물체가 놓여 있는 그림이 제시되면 학생들은 균형을 이룬 저울과 균형이 이루어지지 않은 저울을 비교하여 물체의 무게들 간에 관계를 알아내야 한다.

학습 목표

양적 관계를 대표하고 이해하기 위해 수학적 모델을 사용하라.

- 균형을 이룬 양팔 저울과 같은 균등성(equality)을 이해한다.
- 똑같은 무게를 가진 블록을 식별한다.
- 양팔 저울 양쪽에 똑같은 무게를 더하거나 빼도 경중(輕重)의 관계는 변하지 않는다는 것을 이해한다.
- 변수를 값으로 대체한다.

사전 지식

- 양팔 저울의 왼쪽과 오른쪽 분별하기
- 비례적인 관계(절반, 갑절) 분별하기
- 공모양, 원기둥, 정육면체 분별하기
- 양팔 저울 사용 또는 시소 타본 경험

학습 자료 및 교구

- 각 학생 또는 두 명의 학생당 학습 활동지 [균형 맞추기] 복사본 한 부
- 칠판, 게시판 또는 포스터 보드

103쪽

활동

도입하기

칠판이나 포스터 보드에 그림 2.6과 같이 양팔 저울을 그린다. 그림에 제시된 무게의 관계를 학생들이 이해할 수 있도록 도와주기 위해 양팔 저울에 대하여 다음과 같은 질문을 한다.

그림 2.6

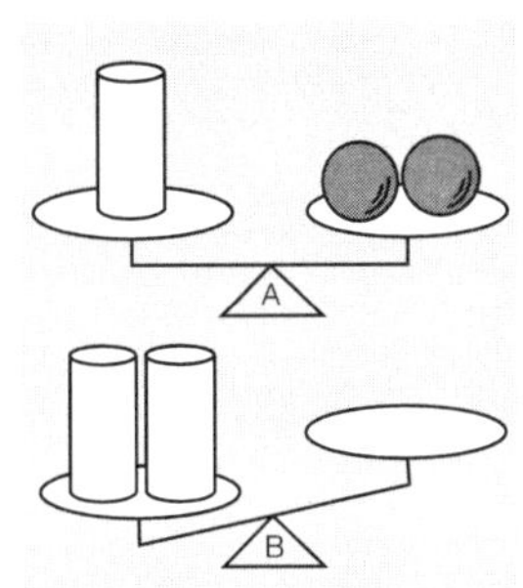

- 저울 A의 왼쪽 접시 위에 있는 블록은 무엇인가요? (원기둥 하나)
- 저울 A의 오른쪽 접시 위에는 무엇이 있나요? (공모양 두 개)
- 저울이 균형을 이루고 있나요? (예)
- 왼쪽에 있는 블록과 오른쪽에 있는 블록의 무게가 똑같을 때 저울이 평형을 이룹니다. 만일 양쪽 접시 위에 공모양 하나씩을 더 올려 놓는다면 저울 A는 어떻게 될 것이라고 생각하나요? (여전히 평형을 이룹니다.)
- 저울 A의 오른쪽 접시에서 공모양 하나를 내려 놓는다면 어떻게 될까요? (왼쪽이 더 무거워지게 되며 그쪽이 아래로 기울어지게 되고 오른쪽은 위로 올라갑니다. 저울은 균형을 잃게 됩니다.)
- 어느 블록이 더 무거운가요? 원기둥 아니면 공모양? (원기둥) 어떻게 알 수 있나요? (한 개의 원기둥과 균형을 맞추려면 두 개의 공모양이 필요합니다.)
- 저울 B 왼쪽에는 무엇이 있나요? (원기둥 두 개)
- 저울 B가 평형을 이루게 하려면 오른쪽 접시에 무엇을 놓으면 될까요? (원기둥 두 개나 공모양 네 개 또는 원기둥 한 개와 공모양 두 개)
- 어떻게 알 수 있나요? (원기둥 하나가 공모양 두 개의 무게와 같으므로 원기둥 두 개의 무게는 공모양 네 개의 무게와 같을 것입니다. 오른쪽에 똑같은 블록을 올려 놓으면 무게가 똑같기 때문에 저울은 균형을 이루게 될 것입니다.)

문제마다 같은 모양의 블록이 있으면 이는 똑같은 무게라고 지적하여 알려주라. 즉, 모든 공모양은 동일한 그램 수의 무게가 나가며 모든 원기둥도 동일한 그램 수의 무게가 나간다는 것이다. 하지만 다른 문제에서는 무게가 다를 수도 있다.

그림 2.7

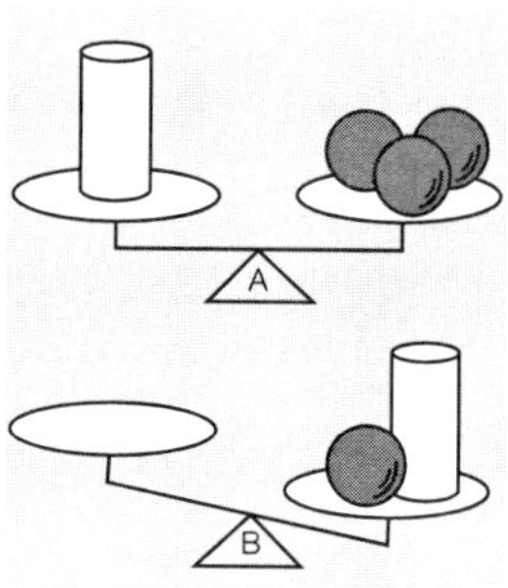

그림 2.8

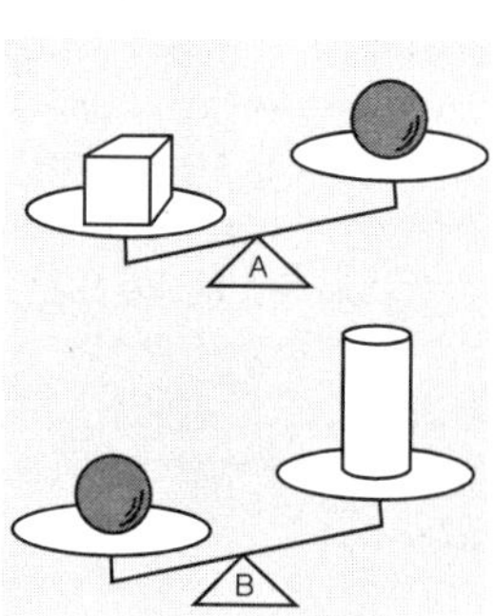

탐구하기

칠판에 그림 2.7과 같이 양팔 저울을 그린다. 다음과 같은 질문을 한다.

- 저울 A를 보세요. 어느 블록이 더 무거운가요? 공모양 아니면 원기둥? (원기둥) 어떻게 알 수 있나요? (저울 A 위에 놓인 원기둥 하나와 무게를 맞추기 위해 공모양 세 개를 놓았어요.)
- 만일 오른쪽에서 공모양 하나를 내려 놓으면 저울 A는 어떻게 될까요? (저울 왼쪽이 아래로 내려가 기울어지며 오른쪽은 위로 올라갑니다. 저울은 균형을 잃게 됩니다.) 어떻게 알 수 있나요? (원기둥 하나의 무게가 공모양 세 개의 무게와 같으므로 원기둥은 공모양 두 개보다 더 무겁습니다.)
- 만일 저울의 왼쪽에서 원기둥 하나를 내려 놓으면 저울 A는 어떻게 될까요? (저울이 오른쪽 아래로 기울어지며 왼쪽은 올라가게 됩니다. 저울은 균형을 잃게 됩니다.) 어떻게 알 수 있나요? (공모양 세 개는 0개의 원기둥보다 무겁습니다.)
- 왼쪽에 원기둥 하나를 놓고 오른쪽에는 공모양 하나를 놓으면 저울 A는 어떻게 보일 것이라고 생각하나요? (원기둥이 있는 쪽이 아래로 기울어지고 공모양이 있는 쪽이 위로 올라갑니다.) 어떻게 알 수 있나요? (원기둥 하나가 공모양 하나보다 무겁습니다.)
- 만일 원기둥 하나가 6그램이라면 공모양 하나의 무게는? (2그램) 어떻게 알 수 있나요? (만약 원기둥 하나가 6그램이면 공모양 세 개의 무게는 6그램이고 이는 2 + 2 + 2 = 6이므로 각 공모양의 무게는 2그램입니다.)
- 저울 B를 보세요. 저울이 평형을 이루게 하려면 왼쪽에 무엇을 올려 놓아야 할까요? 또 다른 답을 생각해볼 수 있나요? (원기둥 하나와 공모양 하나 또는 공모양 네 개) 왜 그렇게 결정했나요?

칠판에 그림 2.8에 있는 것 같이 양팔 저울을 그린다. 저울 A와 B에 대하여 다음과 같은 질문을 해본다.

- 양쪽 두 개의 저울을 보세요. 이 두 저울이 무엇을 보여주는지 생각해보세요. 저울 A 위에 있는 블록 중 어느 것이 더 무거울까요? 저울 B에서는?

- 어느 것이 가장 무거울까요? 공모양, 원기둥, 아니면 정육면체? (정육면체) 어떻게 알 수 있나요? (저울 A는 정육면체가 공모양보다 더 무겁다는 것을 보여주며 저울 B는 공모양이 원기둥보다 무겁다는 것을 보여줍니다. 이들은 모두 정육면체가 가장 무겁고 공모양이 그 다음으로 무거우며 원기둥이 가장 가볍다는 것을 보여줍니다.)
- 만일 저울 양쪽에 각각 공모양 하나씩을 더 올려 놓는다면 저울 A는 어떻게 될까요? (똑같은 상태를 유지할 것입니다.)
- 만일 양쪽에 공모양 하나씩을 더 놓는다면 저울 B는 어떻게 될까요? (똑같은 상태를 유지할 것입니다.)
- 만약 정육면체의 무게가 5그램이라면 공모양의 무게가 6그램이 될 수도 있을까요? (아니오.) 어떻게 알 수 있나요? (공모양이 정육면체보다 무게가 덜 무겁다는 것을 저울 A가 보여주고 있습니다.)
- 만약 정육면체가 저울의 왼쪽에, 원기둥이 오른쪽에 놓여 있다면 양팔 저울은 어떻게 보일까요? (정육면체가 더 무거우므로 왼쪽이 기울어져 내려갈 것입니다.)

확장하기

학생들에게 [균형 맞추기] 학습 활동지를 나눠준다. 학생들이 개별적으로 또는 두 명씩 짝을 지어 문제를 풀 수 있다. 학생들이 문제를 다 풀고 나면 어떤 블록을 그려야 하는지, 어떻게 결정을 할 수 있었는지 이야기해보게 한다. 이 책에 첨부된 CD-ROM 에 수록된 양팔 저울 애플릿을 사용하는 것을 학생들이 좋아할 수도 있다.

토론

많은 저학년 학생들이 시소를 타거나 양팔 저울을 실제로 사용하면서 체험해보는 것과 마찬가지로 균형과 같은 균등성의 개념을 직감적으로 이해하는 것 같다. 학생들이 형식적인 대수를 접하게 되면 이와 같은 개념을 잊어버린다. 여기에서 제시한 학습 활동 같은 문제들은 학생들이 이미 알고 있는 것을 개발시켜 등식을 쓰고 변수를 구하는 학습을 할 수 있도록 준비시켜준다.

[균형 맞추기] 해답

1. 공모양 6개
2. 저울 가의 양쪽 접시에서 공모양 하나씩을 빼낸다. 이로써 원기둥 하나가 공모양 3개와 무게 상 균형을 이룬다. 저울 나에서는 공모양 6개가 원기둥 2개와 균형을 이룬다.
3. 원기둥 3개
4. 저울 다에서 각 원기둥은 공모양 3개와 균형을 이룬다. 저울 라에서는 원기둥 3개가 공모양 9개와 균형을 이룬다.
5. 원기둥
6. 저울 마에서 정육면체 하나는 공모양 2개와 균형을 이룬다. 저울 바에서 원기둥 한 개가 공모양 3개와 균형을 이룬다. 원기둥은 정육면체보다 더 많은 수의 공모양과 균형을 이루므로 원기둥이 가장 무겁다.

거리는 얼마일까요?

2학년

요약

학생들이 지도 상에 눈금으로 그려진 거리에 관련된 미지의 가수 문제를 푼다.

창조적이고 전통적인 상징적 기법에 대한 이해력을 돕기 위해 구체적으로, 그림으로, 언어로 표현해 보라.

학습 목표

- 미지의 거리를 나타내는 변수가 사용된 지도를 탐구한다.
- 변수를 사용하여 등식을 쓰고 관계를 제시한다.
- 덧셈과 뺄셈 상황에서의 미지수를 해결한다.
- 비례적으로 관련된 거리를 파악한다.
- 지도를 해석한다.

사전 지식

- 합계가 30이 되는 수 더하기

학습 자료 및 교구

104쪽

- 토론을 위해 지도를 전시할 칠판, 게시판 또는 포스터 보드
- 각 학생당 학습 활동지 [거리는 얼마일까요?] 복사본 한 장
- 한국 지도

활동

도입하기

학급 전체와 함께 여행에 대하여 이야기해본다. "어디에 갔었나요? 차로 여행했나요? 아니면 버스로? 비행기로? 기차로?", "차로 여행할 때 어느 길로 갔나요?", "지도를 이용해본 적이 있나요?"라고 질문한다.

학생들에게 한국 지도를 보여준다. 자신들이 살고 있는 도와 도시의 위치를 지도에서 찾아보라고 한다. 학생들에게 방문해본 다른 도시들을 지도에서 찾아 가리켜보라고 한다.

도시들 간의 거리에 대하여 이야기해본다. 지도에서 서울과 대전을 가리키며 두 도시 사이의 거리는 약 140킬로미터라고 말해준다. 학생들을 불러서 서울에서 약 140킬로미터 떨어져 있을 것 같은 다른 도시들을 찾아보라고 한다. 서울을 다시 가리키면서 서울에서 천안 사이의 거리는 85킬로미터라고 이야기한다. 학생들을 불러서 천안을 찾아보라고 한다. 그리고서 학생들에게 서울에서 천안 사이와 같은 거리에 떨어져 있는 다른 도시를 찾아보라고 한다.

탐구하기

칠판이나 포스터 보드에 그림 2.9와 같이 지도를 그린다. 전주에서 정읍까지의 선의 길이는 12킬로미터이어야 하며 정읍에서 광주까지는 18킬로미터이어야 한다. "이것은 큰 지도의 일부분입니다. 이 지도에서 어떤 도시들을 볼 수 있나요?" (전주, 정읍, 광주)라고 말한다. 설명을 계속한다. "전주에서 정읍까지의 거리는 12킬로미터입니다. (**지도에 거리를 적어 넣는다.**) 정읍에서 광주까지의 거리는 모릅니다. 사각형으로 모르는 킬로미터 수를 대신하겠어요. (**지도에 사각형을 그려 넣는다.**) 전주에서 광주까지의 거리는 30킬로미터라고 알고 있어요." 보이는 것처럼 30킬로미터를 지도에 적는다. 도시 간의 거리를 검토해본다. 이와 같은 질문을 한다.

- 전주에서 광주까지의 거리는 얼마인가요? (30)
- 전주에서 정읍까지의 거리는 얼마인가요? (12)
- 정읍에서 광주까지의 거리는 얼마인가요?
- 정읍에서 광주까지의 거리는 전주에서 정읍까지의 거리보다 먼가요, 아니면 가까운가요? (**비교해보도록 두 선을 가리킨다.**) (멀어요.) 어떻게 알 수 있나요?

그림 2.9

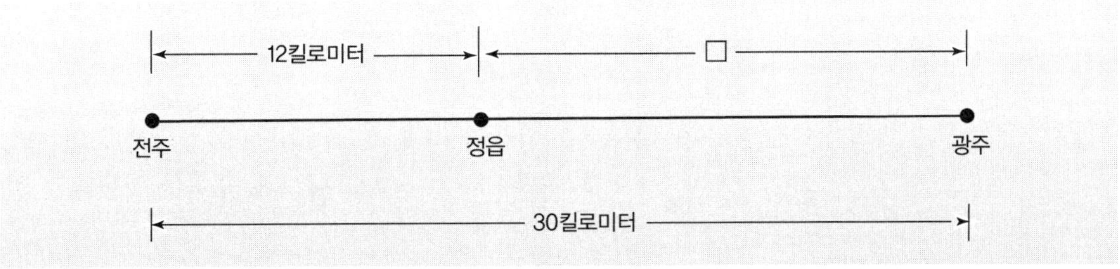

원래 지도에 정읍에서 광주까지의 거리가 나와 있으므로 어떤 학생들은 그림 2.10의 바뀐 지도에 있는 △의 거리를 산출하기 위해 이 알려진 정보를 사용하자고 제시할 수도 있다. 이와 같은 접근 방법도 괜찮다. 이미 알고 있는 지식을 바탕으로 더 진보된 지식을 쌓는 것은 학생들이 계발시켜야 할 중요한 성향이다. 하지만 학생들에게 △ + 5 = 12라는 덧셈식을 써보도록 하고 △를 어떻게 산출해냈는지도 이야기해보도록 격려한다.

■사각형이 대표하는 킬로미터 수를 어떻게 알아낼 수 있나요?

관계를 보여주기 위해 덧셈식을 쓰는 방법을 제시한다. 12 + □ = 30.

한 학생을 불러서 덧셈식을 읽고 용어를 문제 상황에 연결시켜 보게 한다. (예, 만일 전주에서 광주까지의 킬로미터 수를 더하면 합이 30이다.) 사각형이 변수라는 것을 지적해준다. 사각형은 미지수를 나타낸다. 사각형의 값을 찾아내는 방법을 이야기해본다.

같은 지도 상에 광주에서 7킬로미터 떨어진 곳에 순창을 써넣는다. 그림 2.10에서 보는 것처럼 거리를 표기한다. 원래 지도를 보고 했던 것과 같은 질문을 해본다. 학생들에게 다음과 같은 덧셈식을 써보고 △의 값을 찾는 방법을 이야기해보게 한다. 12 + △ + 7 = 30.

그림 2.10

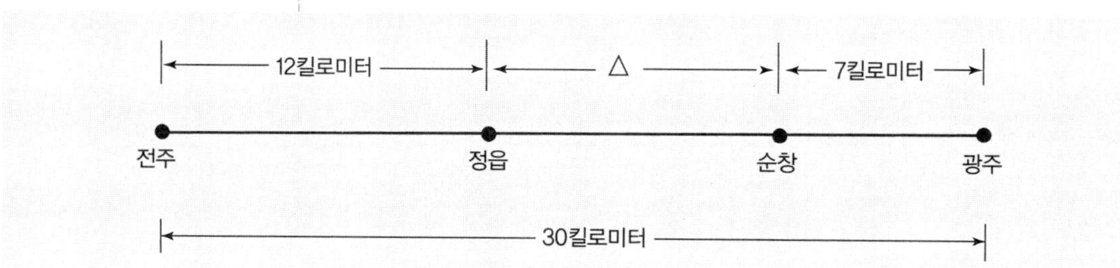

학생들 각자에게 학습 활동지 [거리는 얼마일까요?]를 나눠주어 개별적으로 완성하게 한다.

확장하기

학생들이 등식을 풀 준비가 되도록 균등성을 유지하면서 등식을 바꾸어보는 방법을 학생들과 탐구해보는 것이 좋다.

학습 활동지에 있는 두 번째 지도와 그 등식(14 + △ + 8)을 학생들이 주목해보게 한다. △의 값을 찾기 위해 사용하는 방법을 이야기해보게 한다.

방법 1: 14와 8을 더하여 14 + △ + 8의 식을 간단하게 만든다. △ + 22는 14 + △ + 8을 다르게 표현한 것이라고 설명한다.

방법 2: 양쪽 등식에서 22를 뺀다.

$$\triangle + 22 = 28$$
$$\triangle + 22 - 22 = 28 - 22$$
$$\triangle = 6$$

학생들에게 덧셈과 뺄셈을 수반하는 다른 등식을 풀기 위해 그 단계를 확인해보도록 한다. 예를 들어,

- 3 + □ + 7 = 18
- 9 − 5 + □ = 20

토론

미지수인 변수에 대한 학생들의 이해력을 발달시켜주는 것 외에도 '거리는 얼마일까요?' 학습 활동은 선형 지도를 해석하고 길이가 알려진 선분의 길이와 모르는 선분의 길이를 비교하여 거리를 추정하고, 거리를 확인하기 위해 선분의 길이들의 비례적인 관계를 사용하는 학생들의 능력을 키워준다. 지도에 제시된 수학적 관계에 대한 덧셈식을 써보는 것은 학생들의 표현 능력을 강화시켜주고 여러 가지 표현 방법들을 해석해보는 연습을 하도록 해준다.

[거리는 얼마일까요?] 해답

1. □ + 7 = 30
2. □ = 23
3. 다양한 답. 가능한 한 가지 답은,
   30 − 7 = □
   23킬로미터 = □
4. 14 + △ + 8 = 28
5. △ = 6
6. 다양한 답. 가능한 한 가지 답은,
   28 − 14 − 8 = △
   6킬로미터 = △
7. ⬡ = 9
8. △ = 4
9. 다양한 답. 가능한 한 가지 답은,
   15 − 6 = ⬡
   9킬로미터 = ⬡
   18 − 6 − 8 = △
   4킬로미터 = △
10. 27킬로미터

CHAPTER 03

관계와 함수

Navigations Series Prekindergarten-Grade 2

관계(relation)라는 것은 한 집합 속의 요소와 다른 똑같은 집합 또는 또 하나의 집합 속에 있는 요소들 사이의 대응(correspondence)이다. 따라서 예를 들면, "y는 x보다 크다."는 사람들의 집합 속에 있는 개인들 x와 y 사이의 관계를 보여주며, 이는 x보다 키가 큰 어떤 사람 개인 y와 연관된다. 마찬가지로, "a는 b보다 많다."는 것은 자연수의 집합 속에 있는 관계를 나타내며, 이는 b보다 큰 어떤 자연수 a는 어떤 자연수 b와 연관된다는 것이다. 예를 들어, b의 값이 5라고 본다면 a는 자연수 6, 7, 8, 9, …에서 선택할 수 있다. '탑 크기 비교하기' 학습 활동에서 학생들은 더 높은 탑과 더 낮은 탑의 관계를 탐구하고, 각기 다른 높이를 가진(예, 만약 탑 A가 탑 B보다 높고 탑 B가 탑 C보다 높으면, 탑 A는 탑 C보다 높다.) 세 탑에 관련된 추이(推移)적 특성(transitive property)을 탐구하게 된다. '누가 가장 멀리 뛸까요?' 학습 활동에서는 더 멀리뛰기와 가장 멀리뛰기의 관계를 탐구하고 그 관계를 나타내는 표를 만들어 이를 해석해 본다.

함수라고 하는 것은 관계의 한 특별한 유형이다. 함수는 종종 수학 교육의 모든 단계에서 유일하게 가장 중요한 아이디어로 간주되기도 하며, 첫 번째 집합 속의 한 요소와 두 번째 집합 속의 한 요소가 서로 꼭맞게 짝지어져야 한다는 규칙으로 연결된 관계의 한 특별한 유형이다. 아마도 함수에 대한 가장 단순하고 구체적인 표현은 입력 하나를 받으면 정확하게 출력 하나를 내보내는 "기계"일 것이다. 규칙을 알게 되면 학생들은 그 규칙을 수행해서 각 입력수에 대한 출력값을 찾아낼 수 있다. 마찬가지로 출력이 먼저 주어질 수 있고 학생들은 이에 상응하는 입력을 결정할 수 있다. 예를 들

[표 3.1] "4 더하기" 함수 규칙의 입력값과 출력값(수)

입력	출력
0	4
1	5
2	6
3	7

그림 3.1
"4 더하기" 함수 규칙에 대한 값의 표 제목을 다르게 표기하는 방법

□	△
0	4
1	5
2	6
3	7

어, 표 3.1은 함수 규칙 "4 더하기"에 대한 입력값과 출력값을 보여주고 있다. 학생들은 각 입력값에 4를 더해서 이에 상응하는 출력값을 산출한다. 더 진보된 수준에서는 학생들에게 입력값과 출력값을 주고 규칙을 설명하기 위한 함수적 관계를 발견하게 한다.

처음에 학생들은 단어를 사용하여 규칙을 설명한다. 후속 단계에서 학생들은 관계를 표현하기 위해 변수와 기호를 사용하게 된다. 학생들은 "4 더하기" 규칙을 □ + 4 = △로 표현하여 쓸 수 있게 되고, □은 입력값을 나타내며 △은 상응하는 출력값을 나타낸다. 표의 행은 표 3.1에서 보는 것처럼 표기할 수 있다.

함수의 특정한 유형 중의 하나는 비례(proportion)로, 이는 초등학교 때 학생들이 공부하는 수학의 많은 주제들 가운데 가장 많이 다루어진다는 이유로 특별한 관심을 받기 때문이다. 비례는 함수의 하나로 변수가 곱셈과 관련되어 있다. 같은 값이 되는 여러 가지 측정 등가(measurement equivalencies)에서 우리는 비례를 볼 수 있다. 예를 든다면, 1쿼트는 1×4 또는 4컵과 같고, 2쿼트는 2×4 또는 8컵과 같으며, 3쿼트는 3×4 또는 12컵과 같다. 마찬가지로 1피트는 1×12 또는 12인치와 같고, 2피트는 2×12 또는 24인치와 같으며, 1미터는 100센티미터와 같고 2미터는 2×100 또는 200센티미터와 같다. 비례는 수의 특성에서도 볼 수 있다. 십진법에서 다시 묶기(regrouping)를 한번 고찰해보자. 십은 1×10 또는 열 개이고 이십은 2×10 또는 스무 개이며, 삼십은 3×10 또는 서른 개이다. 미국 동전의 비례적인 가치는 니켈 하나는 5페니이고(5센트) 니켈 두 개는 10페니(10센트)이다. 위의 예에서 보는 것처럼 모든 교환 활동은 함수의 예이다.

'회전판 돌리기' 학습 활동에서 학생들은 덧셈과 뺄셈이 수반되는 함수적 관계를 알아보고 "내 규칙 추측해보기" 게임을 하며, 두 번의 연산이 필요한 함수를 탐구해보게 된다. 함수와 성장 패턴이 연결된 '줄줄이 수 패턴' 학습 활동을 통해 학생들은 관련된 자료의 쌍을 보여주는 표를 작성하는 법을 배우고 자료와 관련지어 규칙을 설명하고 기록하게 된다. '공정한 교환' 학습 활동을 통해 학생들은 패턴 블록을 같은 값을 가진 다른 블록들과 교환하면서 비례 관계를 탐구할 기회를 갖게 된다. (예, 6개의 삼각형을 하나의 육각형으로, 12개의 삼각형을 2개의 육각형으로 교환한다.) '수학 기계' 학습 활동에서는 학생들이 완성된 수식을 보고 함수 규칙을 알아낸다.

학생 학업 성취에 대한 기대

초등학교 2학년 말까지 학생들은 표 상에 있는 자료의 쌍(입력, 출력) 사이의 관계를 알아볼 수 있어야 하고, 미지수인 입력값과 출력값을 찾아내서 표를 완성하여 관계를 활용하고, 표를 확대해나가 자료의 쌍에 관련된 규칙을 설명할 수 있어야 한다. 어떤 학생들은 간단한 함수로 그 규칙을 표현해보기 위해 수학적 기호(숫자, 연산, 변수)를 사용할 수도 있다. 학생들은 또한 간단한 배수 관계를 수반하는 물물교환을 할 수도 있어야 한다. (예, 6개의 삼각형을 육각형 하나로, 12개의 삼각형을 육각형 2개로 교환한다.)

탑 크기 비교하기

유아원-유치원

요약

블록이나 폐품을 가지고 탑을 만들어 비교하면서 더 큰(높은) 탑과 더 작은(낮은) 탑을 탐구한다.

양적인 변화를 설명하라.

학습 목표

- 더 큰(높은) 관계와 더 작은(낮은) 관계를 탐구한다.
- 추이적 특성을 탐구한다. 만약 A가 B보다 크고 B는 C보다 크면 A는 C보다 크다.
- 탑의 크기가 가장 큰 것에서 가장 작은 순으로 또는 가장 작은 것에서 가장 큰 순서로 놓는다.
- 주어진 물체보다 높거나 낮은 크기의 탑을 쌓는다.

사전 지식

- 높이를 비교하기 위해 알맞는 용어(**더 큰/높은, 가장 큰/높은, 더 작은/낮은, 가장 작은/낮은**)를 사용하기

■ 글자 A, B, C와 D를 식별하기

학습 자료와 교구

■ 블록
■ 폐품
■ 백지 색인 카드
■ 표

활동

도입하기

학생들이 "높이"라는 속성에 관심을 갖도록 하기 위해서 대부분의 학생들에게 익숙한 활동인 자기의 키를 다른 사람의 키와 서로 비교해보게 하면서 수업을 시작한다. 학생 두 명을 지명하여 "둘 중에 누가 더 클까요? 어떻게 알 수 있나요? 왜 그렇다고 확신하나요?"라고 질문한다. 학생들은 아마 둘이서 옆으로 나란히 서거나 둘이 등을 맞대고 서서 누가 더 큰지를 확인할 수 있다는 제안을 할 것이다. 둘 중에 누가 더 크다고 학생 모두의 의견이 일치되면 "누가 더 작은 가요? 어떻게 알 수 있나요?" 하고 묻는다. 여러 학생들이 짝을 지어 서로 키를 비교하도록 하는 활동을 반복한다. 처음 질문을 바꾸어서 어떤 때는 누가 큰지를 물어보고, 또 어떤 때는 누가 작은지를 물어보기도 한다.

탐구하기

만일 학생들이 표기된 글자를 잘 알아보지 못하면 학생들에게 친근한 물체를 사용하여 탑을 표기하든지 두 개의 탑을 각기 다른 색 블록으로 만들게 하든지 한다. (예, 빨간색 블록 탑과 녹색 블록 탑)

두 개의 블록이나 폐품으로 크기가 다른 두 개의 탑을 만들면서 학생들에게 도와달라고 한다. 둘 다 똑같은 받침 위에 세워질 수 있도록 두 개의 탑을 한 책상 위에 쌓는다. 색인 카드를 사용해서 탑을 A와 B로 구분하여 표기한다. 학생들을 불러서 표기된 글자를 읽게 한다. 글자를 사용하여 탑의 이름을 표기하였다고 가리키면서 보여준다. "어느 탑이 더 작/낮은가요? 어느 탑이 더 큰/높은가요?" 하고 질문한다.

학생들이 짝을 지어서 활동을 하도록 하여 두 명이 함께 탑 하나씩을 만들어 다른 팀의 것과 서로 크기를 비교하게 한다. 학생들이 정확하게 비교했는지 살펴본다.

다음 활동으로는 학생들의 도움을 받아 높이가 다른 세 개의 탑을 만든다. 색인 카드를 사용하여 탑을 A, B, C로 표기한다. 학생들에게 세 개의 탑을 두 개씩 놓고 서로 높이를 비교하여 더 큰/높은 또는 더 작/낮은 세 탑들의 관계를 알아보게 한다. (예, A가 B보다 크고, B는 C보다 커서 A는 C보다 크다.)

마지막으로 조건을 제시하고 학생들에게 이에 맞는 탑들을 만들어보라고 하여 좀더 어려운 활동을 해보도록 한다. 예를 들어

- 탑 A보다 큰 탑을 만든다.
- 탑 B보다 작은 탑을 만든다.
- 탑 A보다는 작고 탑 B보다는 큰 탑을 만든다.

확장하기

탑 A와 B로 표기된 두 개의 탑을 학생들에게 보여준다. 탑 A는 탑 B보다 작아야 한다. 세 번째 탑 C를 보이지 않는 곳에 놓는다. 탑 C는 탑 A와 B보다 높아야 한다. 학생들에게 탑 A와 B를 비교하면서 활동을 시작하도록 한다. 학생들에게 탑 C를 감추어 두었는데 탑 B가 탑 C보다 작다고 말해준다. "탑 A는 탑 C보다 클까요? 작을까요? 왜 그렇게 생각하나요?" 하고 물어본다. 학생들 서너 명에게 자신들의 생각을 나누어보도록 한 후 탑 C을 내놓아서 학생들이 탑의 높이를 비교할 수 있게 한다.

학생들이 세 개의 탑을 가지고 그 높이를 비교하여 탑들을 크기 순서대로 정리하여 놓게 되면 네 개의 탑을 가지고 학습 활동을 시작해도 된다. 네 개의 탑을 가지고 "탐구하기"와 "확장하기" 활동을 반복한다.

만일 학생들이 여러 개의 탑을 한꺼번에 비교하는 데 어려움을 느끼면 탑들을 옆으로 나란히 줄지어 놓게 하여 비교하도록 한다.

토론

'탑의 크기 비교하기' 학습 활동은 학생들에게 높이의 관계를 설명하고 기술된 높이의 조건에 알맞는 구조 모델을 만들어볼 수 있는 기회를 제공한다. 이는 또한 만약 …이라면 추리(예, 만약 A가 B보다 크면 B는 A보다 작다.)와 추이적 특성(예, 만약 A가 B보다 크고 B가 C보다 크면 A는 C보다 크다.)을 체험할 수 있는 기회를 부여한다. 이 같은 특성은 또한 **…보다 더 많은**과 **…보다 더 적은** 관계로도 쓰이며 수의 특성에서도 탐구할 수 있다. 학생들과 함께 **…보**

다 더 어린, …보다 학교에서 더 멀리 사는, …보다 더 많은 면(面)이 있는, …보다 더 부드러운 등의 관계를 포함한 기타 추이적인 관계에 대하여 조사해보는 것도 좋다.

누가 가장 멀리 뛸까요?

유치원-초등 1학년

패턴, 관계, 그리고 함수를 이해하라.

요약

학생들이 멀리 뛰기 관계를 보여주는 도표를 작성하고 해석한다.

학습 목표

- 멀리 뛰기 관계를 탐구한다.
- 수학적 아이디어를 기록하고 의사 소통을 하기 위하여 그림으로 표현하는 방법을 사용한다.
- 학생들과 그들의 주위 환경에 대해 질문하고 자료를 모은다.
- 거리에 순서를 매긴다.

사전 지식

- 길이 비교하기

학습 자료 및 교구

- 칠판 또는 게시판
- 도화지
- 학생들이 표시된 한 선에서 시작하여 뛸 수 있는 충분한 공간

활동

도입하기

학생 두 명을 불러서 똑같은 시작선에서 앞으로 뛰게 한다. 칠판에 그림 3.2와 같이 누가 더 멀리 뛰었는지를 보여주기 위해 도표를

그린다. 인수가 기수보다 더 멀리 뛰었다는 것을 도표에서 볼 수 있다. 화살표는 더 멀리 뛴 사람을 가리키고 있다. 다음에는 학생 세 명을 불러서 시작선에서 뛰어보라고 한다. 뛴 길이의 관계를 보여주기 위해 그림 3.3과 같은 도표를 그린다. 안나가 예인이보다 멀리 뛰고 인영이가 안나보다 멀리 뛰었다는 것이 도표에 어떻게 묘사되어 있는지 학생들에게 토론해보게 한다.

학생들에게 화살표가 꼭 수평일 필요는 없다고 지적해 알려준다. 화살표는 항상 가장 멀리 뛴 사람을 가리킨다는 것이 가장 중요하다.

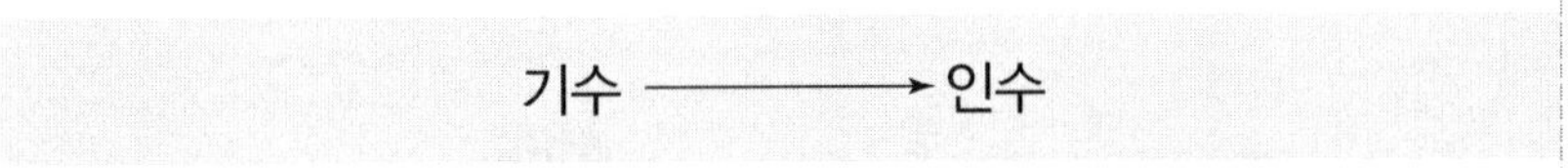

그림 3.2
인수가 기수보다 멀리 뛰었음을 보여주는 도표

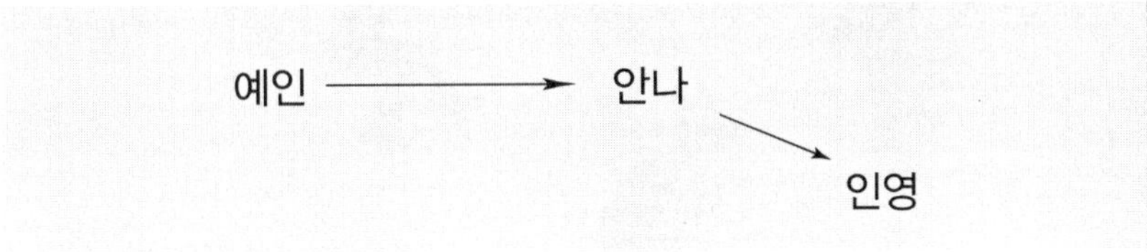

그림 3.3
안나가 예인보다 멀리 뛰고 인영이 안나보다 멀리 뛰었음을 보여주는 도표

탐구하기

칠판에 그림 3.4에 있는 화살표를 그린다. 학생들과 함께 도표를 해석해보고 누가 누구보다 더 멀리 뛰었는지를 결정한다. 학생들을 짝지어서 각 팀에 질문한다. "누가 더 멀리 뛰었나요? 기수 아니면 민기인가요? 예린 아니면 세라? 민기 아니면 세라인가요?" 어떤 학생들은 화살표가 기수로부터 세라에게로 그려질 수도 있다는 것을 깨닫게 될 것이고, 그 외의 학생들은 도움을 받아야 이런 관계를 볼 수 있을 수도 있다. 누가 가장 멀리 뛰고 누가 가장 가까이 뛰었는지를 학생들이 한번 알아보도록 하는 것이 좋다.

그림 3.4

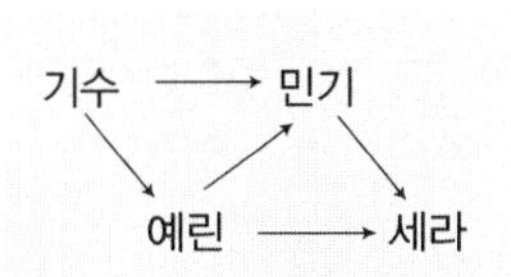

도표를 해석하는 데 어려움을 겪는 학생들에게 시작선에서부터 각 학생이 뛴 길이에 비례하는 위치에 각 학생들의 이름을 적고 그 위치를 화살표를 사용한 도표로 그려서 보여준다면 각 학생이 뛴 상대적 길이를 더 쉽게 이해할 수 있다. 아래 그림에서 보면 세라는 민기보다 더 앞으로, 민기는 예린보다 더 앞으로, 예린은 기수보다 더 앞으로 나가 있다.

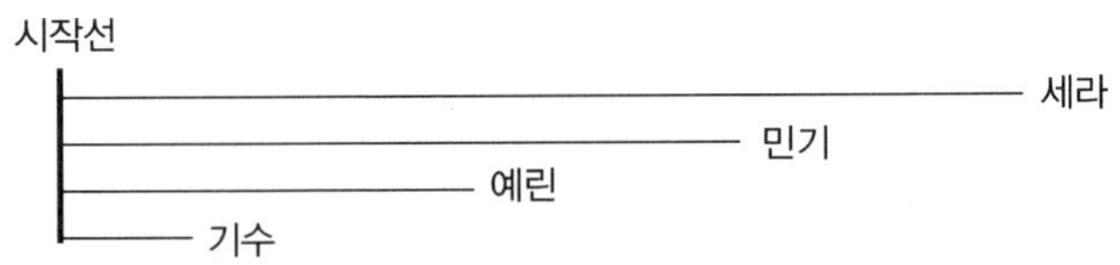

학생들이 화살표로 표기된 도표를 해석할 수 있게 되면 그들에게 그림이나 모델을 보고 이에 대한 화살표 도표를 작성해보도록 한다. 예를 들어, 그림 3.5에 있는 세 학생의 그림을 보여주거나 교실에 학생들을 그림과 같은 상황을 보여주는 위치에 실제로 배치하여 보여준다. 그런 후 학생들에게 그 관계를 보여주는 화살표 도표를 작성해보게 한다.

그림 3.5

수학을 가장 영향력 있게 사용하는 것 중의 하나는 현상을 수학적으로 모형화시키는 것이다. (NCTM, 2000, 39쪽)

그림이나 모델에 대한 화살표 도표를 학생들이 작성하고 나면 그림 3.6에 있는 것과 같은 표현법을 학생들에게 제시한다. 도표 속 다섯 학생들의 이름을 학급에 있는 학생들의 이름으로 교체한다. 세 도표 중 하나에서 두 학생의 이름을 선택하여 누가 가장 멀리 뛰었는지 물어보고 이들의 관계를 명확하게 말해주기 위해 도표 상에 화살표가 더 필요한지 아닌지 물어본다.

그림 3.6
학생들이 해석할 도표 세 개

1. 미영 → 현주 → 인영

2. 미영 → 현주
↑
은지

3. 예인 → 미영 → 현주
은지 ↗

확장하기

네 명의 학생에게 시작선에 서서 멀리 뛰기를 해보고 나서 자신들이 뛴 거리의 관계를 보여주는 화살표 도표를 작성하도록 한다.

"뛴 학생들"은 자신들이 그린 도표를 다른 학급 친구들과 나누어 볼 수 있고, 그 친구들은 누가 가장 멀리 뛰었는지를 알아낸 후 다른 학생들이 뛴 거리 순서대로 놓을 수 있어야 한다.

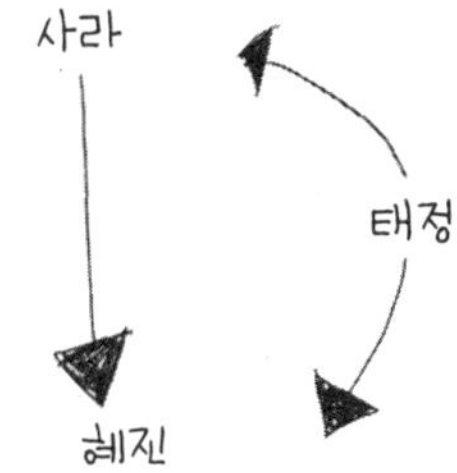

혜진이가 사라와 태정이보다 더 멀리 뜀을 보여주는 한 학생의 화살표 도표

토론

멀리 뛰기 관계는 학생들이 수학을 공부하면서 접하게 되는 많은 관계들 중의 한 예이다. 이외의 관계에는 **…보다 많은**, **…보다 2가 작은**, **…보다 많은 꼭짓점을 가진** 등이 포함된다. 관계에 대한 공부는 이 책에 수록된 다른 여러 가지 활동을 통하여 개발된 개념인 함수를 이해하는 데 기초가 된다.

'누가 가장 멀리 뛸까요?' 학습 활동을 통하여 학생들은 대수적 개념을 탐구해볼 뿐만 아니라 측정 개념, 특별히 관계의 추이성, **…보다 더 긴**이라는 개념도 발달시키게 된다. 화살표 도표를 해석해보는 활동은 학생들에게 추리력을 연습해볼 수 있는 기회를 준다. 학생들은 화살표 도표를 작성해보면서 자신들의 표현력도 발달시키게 된다.

"표현은 수학적 아이디어를 좀더 구체적으로 보여주고 반성을 해볼 수 있게 해준다." (NCTM, 2000, 137쪽)

한 가지 이상의 방법으로 해석될 수 있는 상황을 학생들이 체험해보는 것이 중요하므로 다소 모호한 상황이나 도표를 포함시켜보는 것도 좋다. 예를 들어, 그림 3.7에 있는 도표에서 보면 예인이가 윤숙이보다 더 멀리 뛰었는지, 아니면 윤숙이가 더 멀리 뛰었는지 분명하지 않다. 학생들에게 도표에 그려 넣을 수 있는 여러 가지 방법과 그 방법이 멀리 뛰기 관계에 어떻게 부합되는지 이야기해보도록 한다.

그림 3.7
학생들이 토론해볼 모호한 도표

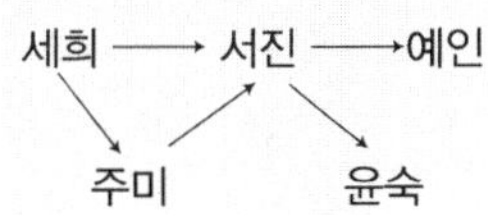

공정한 교환

유치원-초등 1학년

요약

학생들이 패턴 블록과 다른 물체들의 교환을 통하여 비례 관계를 탐구해본다.

패턴, 관계, 그리고 함수를 이해하라.

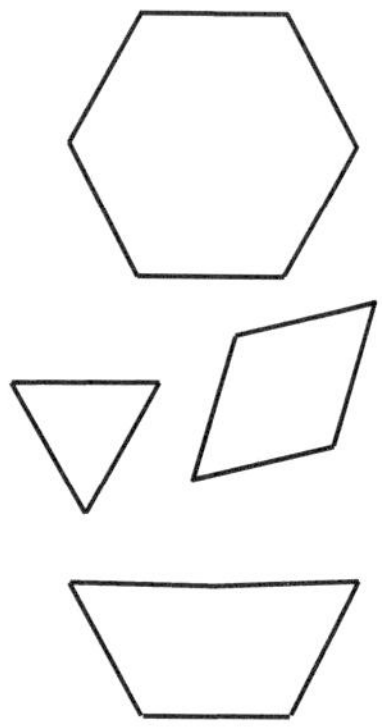

학습 목표

- 비례 관계를 탐구한다.
- 똑같은 모양의 조각을 식별한다.
- "공정한 교환" 문제를 푼다.

사전 지식

- 둘씩, 셋씩, 여섯씩 띄어 세기
- 패턴 블록의 모양을 식별하고 이름을 말하기. 삼각형, 마름모, 사다리꼴, 육각형

학습 자료 및 교구

105쪽

- 각 학생당 학습 활동지 [블록 교환하기] 복사본 한 장
- 패턴 블록
- 칠판이나 교실의 게시판

활동

도입하기

정사각형과 마름모 블록을 제외한 패턴 블록을 각 모둠의 학생들에게 한 세트씩 나눠준다. 학생들에게 여러 가지 모양의 블록을 보여준다. 몇몇 학생들을 불러서 블록의 이름을 말해보라고 한다. 초록색 삼각형 두 개로 파란색 마름모 한 개를 덮을 수 있다는 것을 예를 들어 입증해 보여준다. 모든 삼각형은 같은 모양이고 똑같은 크기이며 서로 정확하게 "일치"한다는 것을 가리켜 알려준다. 다음과 같은 질문을 한다.

- 파란색 마름모 세 개를 덮으려면 초록색 삼각형이 몇 개 있어야 하나요? (여섯 개) 한번 해보세요.
- 빨간색 사다리꼴 한 개를 덮으려면 초록색 삼각형이 몇 개 있어야 하나요? (세 개) 한번 해보세요.
- 노란색 육각형 한 개를 덮으려면 빨간색 사다리꼴이 몇 개 있어야 하나요? (두 개) 한번 해보세요.
- 노란색 육각형 한 개를 덮으려면 초록색 삼각형이 몇 개 있어야 하나요? (여섯 개) 한번 해보세요. 다른 방법으로 할 수 있을까요?

(예, 사다리꼴 두 개가 육각형을 덮고 삼각형 세 개가 사다리꼴 한 개씩을 덮으므로, 3 + 3 또는 여섯 개의 삼각형이 육각형을 덮습니다.)

- 노란색 육각형 두 개를 덮으려면 빨간색 사다리꼴은 몇 개 있어야 하나요? (네 개)
- 사다리꼴 여덟 개를 가지고는 노란색 육각형을 몇 개 덮을 수 있을까요? (네 개)

탐구하기

학생들과 함께 공정한 교환에 대하여 이야기해본다. 빨간색 사다리꼴 하나를 예로 든다면, 초록색 삼각형 세 개가 빨간 사다리꼴 하나를 덮을 수 있으므로 공정한 교환은 초록색 삼각형 세 개가 될 것이라고 말해준다. 학생들에게 빨간 사다리꼴 두 개를 어떻게 하면 공정하게 교환할 수 있는지 알아보라고 하고, 왜 그렇게 결정했는지 이야기해보게 한다. 빨간 사다리꼴 두 개를 공정하게 교환하는 방법에는 여러 가지가 있는데, 이는 초록색 삼각형 여섯 개, 파란색 마름모 세 개 또는 노란색 육각형 한 개와 교환하는 것이라고 알려준다.

각 학생들에게 학습 활동지 [블록 교환하기] 복사본을 한 장씩 준다. 각 빈칸마다 공정한 교환을 하기 위해 필요한 수만큼의 블록을 그려 넣게 한다. 학생들은 자신의 답이 맞았는지 확인해보기 위해 블록을 사용할 수 있다.

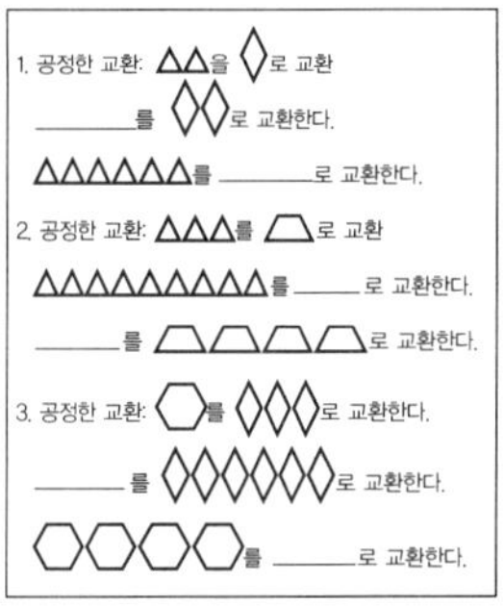

[블록 교환하기] 해답

1. 삼각형 네 개, 마름모 세 개
2. 사다리꼴 세 개, 삼각형 열두 개
3. 육각형 두 개, 마름모 열두 개

확장하기

그림 3.8에 있는 문제를 칠판에 쓴다. 학생들에게 문제 1을 주목해 보도록 한다. 무슨 모양인지 알아보라고 한다. 원 두 개는 직사각형 한 개와 같은 값이라는 것을 학생들에게 가리켜 보여준다. "만일 내가 너에게 원 두 개를 주면 너는 나에게 직사각형 한 개를 주어야 한다. 내가 원 네 개를 너에게 주면 너는 나에게 몇 개의 직사각형을 주어야 할까? (두 개) 그것을 **공정한 교환**이라고 부른단다." 학생들이 문제 2를 풀고 왜 그렇게 교환해야 한다고 결정했는지 이야기해보게 한다. 학생들에게 공정한 교환을 그림으로 그려서 보여 달라고 제안해보는 것도 좋다. 교환 문제 2에서 세 번째 예부터는 모양의 앞에 오는 수만큼 모양을 교환하는 문제라고 알

그림 3.8
A와 B를 교환하는 문제

1. 공정한 교환: ○○를 □로 교환한다
   ○○○○를 ____________로 교환한다.
   ____________를 □□□로 교환한다.
   □□□□를 ____________로 교환한다.

2. 공정한 교환: □□를 ◯◯◯로 교환한다.
   □□□□를 ____________로 교환한다.
   □ 6개를 ◯ ______개로 교환한다.
   □ ______개를 ◯ 12개로 교환한다.
   □ 1개를 ◯ ______개로 교환한다.
   □ 14개를 몇 개의 ◯로 교환하면 공정한 교환이 될까요?
   어떻게 알 수 있나요?

려준다. 또한 문제 2에서부터 교환이 좀더 복잡해진다. 두 개를 하나로 또는 세 개를 하나로 교환하는 대신 학생들은 두 개를 세 개로 교환하게 된다.

토론

'공정한 교환' 학습 활동에 있는 교환 문제들은 비례 관계를 소개해줄 뿐만 아니라 곱셈과 나눗셈도 경험하게 해준다. 실제 패턴 블록을 가지고 그 블록의 그림을 그리고, 그린 그림에서 그 블록의 수를 세어 써보도록 하는 것은 학생들로 하여금 표현 능력을 향상시켜줄 뿐만 아니라 추상적인 것을 다룰 수 있는 능력을 발달시키도록 해준다.

회전판 돌리기

1-2학년

요약

양적 변화를 설명해보라.

학생들이 회전판을 사용하여 덧셈과 뺄셈을 포함하는 함수 관계를 알아보고 탐구한다.

학습 목표

- 함수 관계를 알아본다.
- 양적 변화를 설명한다.
- 덧셈과 뺄셈의 상반(相反) 관계를 인지하고 적용한다.

사전 지식

- 덧셈과 뺄셈 구구

학습 자료 및 교구

- 두꺼운 종이와 종이 집게를 사용하여 제작한 회전판. 각각 "더하기 1", "빼기 2" 등과 같은 덧셈과 뺄셈 규칙이 표기되어 있어야 함. 학생 두 명당 회전판 한 개씩 준비.
- 학생 두 명당 코팅된 회전판 한 개씩
- 교사용 대형 회전판 한 개(또는 실물화상기용 회전판 한 개)
- 학생 두 명당 수성펜 한 개

활동

도입하기

활동을 어떻게 하는지 보여주기 위해 교사용 회전판, 예를 들어 네 부분으로 나누어 "더하기 2", "빼기 3", "더하기 5"와 "빼기 1"로 각 부분마다 표기한 회전판을 사용한다. 한 학생을 불러서 2보다 큰 수 하나를 골라 시작 수로 부르라고 하고 회전판을 돌려 지시된 대로 계산하여 답을 말해준다. 예를 들어 시작 수가 8일 때 종이 집게가 "더하기 2"에 착지하면 답은 10이 된다. 학생들에게 다른 시작 수를 불러 보라고 하여 똑같은 규칙을 적용하여 답을 말해준다. 다른 규칙들을 사용하여 이 활동을 반복해본다.

≪학교 수학의 원리와 규준≫의 삽화에 이에 관련된 활동이 설명되어 있는 것을 볼 수 있다(NCTN, 2000, 93~94쪽). 패턴 장에서 함수 기계 박스에 연관된 활동도 보라. (Coburn et al., 1993, 17쪽)

"나의 규칙은 무엇일까?" 게임을 설명한다. 학생들에게 이번에는 회전판을 돌리겠지만 종이 집게가 어떤 규칙 위에 착지했는지 보여주지 않을 것이라고 말한다. 학생들이 규칙을 알아맞히게 한다. 그렇게 하기 위해 학생들이 여러 가지 다른 시작 수를 불러주면 그들 각 수에 똑같은 규칙을 적용하여 답을 말해준다. 세 명의 학생을 불러서 수 3에서 10 사이에 있는 수 중에서 각자 다른 시작 수 하나씩을 선택하여 불러 보라고 한다. 지시된 연산 방식을 수행하여 학생들에게 그 답을 말해준다. 표 3.2와 같은 표를 만들어 시작 수와 답을 기록한다. 학생들은 표에 있는 자료를 사용하여 연산 규칙(operation rules)을 알아내야 한다. 만약 학생들이 좀더 많은 자료를 필요로 하면 다른 시작 수를 불러 보라고 하여 그 답을 표에 기록한다.

[표 3.2] 규칙을 발견해내기 위한 입력과 출력

시작 수	답
4	1
10	7
8	5

탐구하기

학생들을 두 명으로 짝지어 "도입하기"의 활동에서와 똑같은 규칙이 적힌 회전판을 하나씩 주고 "나의 규칙은 무엇일까" 게임을 하게 한다. 학생들이 교대로 회전판을 돌리도록 한다. 회전판을 돌리지 않는 학생만이 시작 수 하나를 선택할 수 있거나 규칙을 찾아내기 전에 몇 개 다른 시작 수를 불러서 그 답을 물어볼 수 있다.

학생들이 사용할 수 있도록 여러 가지 규칙이 적힌 회전판이나 여러 면으로 나누어진 회전판을 제공할 수 있다. 회전판의 각 부분이 똑같은 크기로 나누어졌는지 꼭 확인하라.

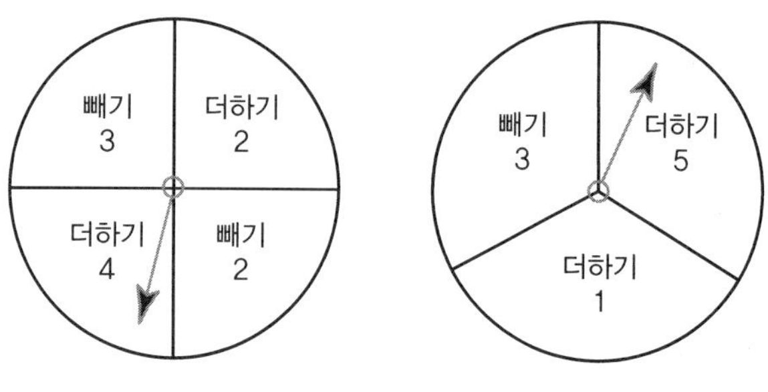

다음에는 학생을 두 명으로 짝지어서 코팅된 빈 회전판과 수성펜을 한 개씩 나눠준다. 두 명 중 한 학생이 회전판 위의 나뉜 각 부분마다 수성펜으로 연산 규칙을 적어 넣고 자기 짝이 볼 수 없는 곳에 회전판을 둔다. 먼저 한 학생이 회전판을 돌리고 자기 짝이 불러주는 세 가지 다른 입력수에 대하여 출력수를 말해준다. 첫 번째 학생이 말해준 입력수를 가지고 두 번째 학생은 그 규칙을 알아내야만 한다.

만약 규칙이 뺄셈에 관련된 것이라면 첫 번째 학생은 자기 짝에

게 시작 수로 선택할 수 있는 가장 작은 수가 무엇인지를 가르쳐 주어야 한다. 예를 들어, 만일 회전판 위의 한 부분에 "빼기 6"이라고 적혀 있으면 상대방에게 시작 수로 선택할 수 있는 수는 6 또는 그보다 큰 수라고 알려주어야 한다. 사실 선택할 수 있는 수를 알려줄 때 규칙을 미리 "알려주지 않기" 위하여 10보다 큰 수라고 가르쳐 주어야 한다. 하지만 음수(陰數)로 된 답이 나올 가능성을 배제할 필요는 없을 것이다. 이로써 교사와 학생이 0보다 작은 수에 대하여 탐구해볼 수 있는 아주 좋은 기회를 가질 수도 있다.

확장하기

회전판 위의 각 부분마다 규칙이 적혀 있는 회전판 하나를 학생들에게 보여준다. 학생들이 볼 수 없게 회전판을 두 번 돌려서 학생들이 부르는 시작 수를 가지고 연산 규칙을 둘 다 시행해보겠다고 말한다. 학생 세 명을 불러서 수 6과 10 사이의 수 중에서 시작 수를 하나 선택하도록 하여 두 연산을 순서대로 시행하여 답을 말해준다. 예를 들면, 회전판을 돌려서 "더하기 2"가 나오고 "빼기 5"가 나왔다면 시작 수 7에 대한 답은 4이다.

활동을 확장해볼 수 있는 또 다른 방법으로는 시작 수를 20보다 큰 수로 하든지 더 큰 수의 덧셈이나 뺄셈을 수반하는 연산 규칙을 사용하는 것이다. 예를 들어, 회전판 위의 한 부분에 "더하기 20"을 적어 넣을 수 있다.

회전판을 두 번 회전시켜 두 개의 연산규칙을 시행하게 되면 처음에 학생들을 도와주기 위해 첫 번째 규칙을 시행하여 먼저 그 답을 말해주고 나서 두 번째 규칙을 시행한 후 그 최종 답을 말해준다. 예를 들어, "더하기 3"과 "빼기 4"가 규칙이고 시작 수가 8이라면, 처음에 답을 11이라고 말해주고 그 다음에 답이 7이라고 말한다. 그러나 취지는 나중에 최종 답만을 알려주는 단계로 나아가게 하는 것이다.

토론

이 활동의 처음부터 끝까지 학생들에게 해야 하는 질문은, 연산 규칙을 알아내기 위하여 그들이 어떤 전략을 사용하는지에 그 중점을 두어야 한다. 또한 주어진 상황에 대하여 가능한 모든 결과를 고찰해볼 수 있도록 학생들을 도와주는 데 질문의 요지를 두어야 한다. 예를 들어, 네 부분으로 나뉜 회전판에 "더하기 3", "빼기 0", "더하기 2"와 "빼기 1"이라는 규칙이 표기되어 있다면 학생들에게 "시작 수가 4일 때 회전판을 한 번만 돌린다면 어떤 답들이 나올 수 있을까요?", "시작 수가 4일 때 회전판을 두 번 돌린다면 어떤 답들이 나올 수 있을까요?" 하고 물어볼 수 있다. 다른 방법으로는 학생들에게 회전판 위의 규칙을 정해보라고 한다. 이를테면, 시작 수가 4일 때 그 답이 2, 3, 4와 6이라면 규칙이 무엇이 될지 말해

추측-즉 정보에 근거한 짐작-은 발견의 주요 경로이다." (NCTM, 2000, 57쪽)

보게 한다.

"확장하기" 활동에 설명된 것처럼 회전판 두 번 돌리기의 사용은 모든 가능성을 체계적으로 고찰해보는 가치를 학생들이 볼 수 있도록 격려해주고 똑같은 결과를 가져다 줄 수 있는 연산의 조합이 많다는 개념(notion)을 강화해준다. 예를 들어, "더하기 2"를 하고 "빼기 1"을 하면 "빼기 3"을 하고 "더하기 4"를 하는 것과 똑같은 값이 나온다.

이 활동이 주는 부가적인 혜택은 덧셈과 뺄셈 사이의 역관계를 보강해준다는 것이다. 더 큰 값을 창출하는 덧셈(0을 더하는 것 제외)과 더 작은 값을 생성시키는 뺄셈(0을 빼는 것 제외)에 대한 이해력을 증진시켜주기도 한다.

줄줄이 수 패턴

1-2학년

요약

패턴, 관계, 함수에 대하여 알아보라.

학생들이 숫자판에 있는 패턴을 알아보고 각 줄에 있는 마지막 수와 첫 번째 수가 그 줄에 있는 각각의 수들과 어떻게 관련되어 있는지 설명한다.

학습 목표

- 숫자판에서 숫자 세기 패턴을 알아본다.
- 각 줄에 있는 요소의 수(number of elements)는 그 줄의 수와 어떤 관계를 가지고 있는지 설명한다.
- 각 줄에 있는 마지막 수와 첫 번째 수는 줄의 수와 어떻게 관련되어 있는지 설명한다.
- 동일한 방법으로 관련되어 있는 숫자의 쌍을 보여주는 함수 표를 작성한다.

사전 지식

- 하나씩, 다섯씩, 열씩 100까지 세기
- 수의 쌍 사이의 배수 관계(multiplicative relationship) 알아보기(예, 5와 15는 5의 세 곱인 5 + 5 + 5, 즉 15이므로 서로 관련되어 있음.)
- 함수 표 이해하기
- 순서를 나타내는 언어(ordinal language)를 사용하여 줄 상에 있는 수의 위치를 알아보기(예, 첫째, 둘째, 셋째, 마지막)

학습 자료 및 교구

- 칠판, 교실 내 게시판 또는 대형 포스터 보드
- 각 학생당 학습 활동지 [줄줄이 수 패턴] 복사본 한 장

106쪽

활동

도입하기

칠판이나 포스터 보드에 그림 3.9와 같이 수를 격자꼴 모양으로 줄줄이 옮겨 쓴다. 각 줄마다 수를 줄줄이 격자꼴 모양으로 쓰면서 무엇을 하고 있는지 설명한다. 격자꼴의 요소를 학생들이 알아볼 수 있도록 해주기 위해 다음과 같은 질문을 한다.

- (**첫 번째 줄을 가리킨다.**) 첫 번째 줄에는 어떤 수가 있나요? (1)
- (**두 번째 줄을 가리킨다.**) 두 번째 줄에는 어떤 수가 있나요? (1, 2, 3)
- 네 번째 줄에는 몇 개의 수가 있나요? (4개)
- ⋮은 패턴이 계속된다는 뜻입니다. 다섯 번째 줄에는 어떤 수가 있을까요? (1, 2, 3, 4, 5) 어떻게 알 수 있나요?

첫 번째 줄	1			
두 번째 줄	1	2		
세 번째 줄	1	2	3	
네 번째 줄	1	2	3	4
다섯 번째 줄	⋮	⋮	⋮	⋮

그림 3.9
격자형 표 1

- 여섯 번째 줄에서 마지막 수는 무엇일까요? (6) 어떻게 알 수 있나요? (다양한 답이 나올 수 있다. 어떤 학생들은 각 줄에 있는 모든 수를 말하거나 쓰기도 할 것이다. 또 다른 학생들은 각 줄에 있는 마지막 수는 줄의 수와 일치한다는 것을 인지하게 될 수도 있다.)
- 스무 번째 줄에 있는 마지막 수는 무엇일까요? (20) 예순 번째 줄에 있는 마지막 수는? (60)
- 줄의 마지막 수가 14인 줄의 수는? (열네 번째 줄) 어떻게 알 수 있나요?

줄 수와 그 줄에 있는 마지막 수와의 관계를 보여주기 위해 표 3.3에 있는 표를 작성하고 필요한 정보를 채워넣을 수 있도록 학생들에게 도와달라고 한다. 마지막 수는 줄 수에 어떻게 관련되어 있는지 규칙을 써보라고 학생들에게 제안한다. 각 줄에 있는 마지막 수는 줄 수와 같다. 또는 (마지막 수) = (줄 수).

[표 3.3] 격자형 표 1에서의 줄 수와 줄에 있는 마지막 수와의 관계

줄 수	마지막 수
1	1
2	2
3	3
4	4
5	5
6	—
10	—
—	20
—	29
—	40

탐구하기

학생들과 함께 격자형 표 2(그림 3.10)를 탐구해본다. 학생들에게 격자형 패턴은 계속된다고 말한다. 다음과 같은 질문을 한다.

- 두 번째 줄에는 어떤 수들이 있나요? (6, 7, 8, 9, 10) 세 번째 줄에는? (11, 12, 13, 14, 15)

- 각 줄마다 몇 개의 수가 있나요? (5개)
- 다섯 번째 줄에는 어떤 수가 있나요? (21, 22, 23, 24, 25) 왜 그렇게 결정했나요? (20 뒤에 21이 오고 각 줄에는 5개의 수가 있습니다.)

이 시점에서 일부 학생들은 각 줄 마지막 수는 줄 수만큼 다섯씩 세어서 찾아낼 수 있다는 것을 알아차릴 수도 있다. 즉, 다섯 번째 줄은 5를 다섯 번 세어 끝나는 수, 즉 25(5, 10, 15, 20, 25)라는 것이다.

첫 번째 줄	1	2	3	4	5
두 번째 줄	6	7	8	9	10
세 번째 줄	11	12	13	14	15
네 번째 줄	16	17	18	19	20
다섯 번째 줄	⋮	⋮	⋮	⋮	⋮

그림 3.10
격자형 표 2

이와 같은 관계를 파악할 수 있는 학생들에게 이를 교실에 있는 다른 학생들에게 한번 설명해보게 한다.

첫 번째 줄에서 네 번째 줄까지 줄 수와 "마지막 수"를 보여주는 표를 작성한다(표 3.4 참조). 학생들을 불러서 다섯 번째 줄에서 열 번째 줄까지 표를 완성하고 마지막 수와 줄 수가 어떤 관계를 가지고 있는지 말해주는 규칙을 설명하게 한다. 각 줄에 있는 첫 번째 수는 어떻게 결정되는지 토론해보면서 이 활동을 계속한다. 다음과 같은 질문을 해본다.

[표 3.4] 격자형 표 1에서의 줄 수와 "마지막 수"의 관계

줄 수	마지막 수
1	5
2	10
3	15
4	20

- 두 번째 줄에 있는 첫 수는 무엇인가요? (6) 세 번째 줄에는? (11)
- 다섯 번째 줄에 있는 첫 수는 무엇인가요? (21) 왜 그렇게 결정했나요? (이전 줄에 있는 마지막 수부터 계속해서 세었습니다. 또는 위에 있는 수에 5를 더했습니다.)
- 일곱 번째 줄에 있는 첫 수는 무엇인가요? (31) 어떻게 알아냈나요? 줄에 있는 마지막 수에 대한 규칙을 사용해볼 수 있을까요? 어떻게? (각 줄에 있는 첫 수는 그 이전 줄에 있는 마지막 수보다 하나가 더 많습니다.)

확장하기

각 학생에게 숫자가 10개씩인 격자형 수표(100 수표 반절)를 보여주는 학습 활동지 [줄줄이 수 패턴]을 나눠준다. 학생들 개별적으로 또는 짝을 지어 문제를 풀어보게 한다. 학생들이 학습 활동지를 끝내면 문제에 대하여 이야기해보게 한다.

106쪽

[줄줄이 수 패턴] 해답

1. 가. 10
   나. 20
   다. 50
   라. 60
   마. 100
2. 다양한 답이 나올 수 있다.
3. 각 줄의 마지막 수는 열씩 묶어 셀 때 말하는 수이다. 줄의 수는 열씩 몇 번 세어야 하는지를 말해주는 수이다.
4. 가. 여덟 번째 줄
   나. 다양한 답이 나올 수 있다.

수직 방향으로 연결되어 있는 수, 즉 "바로 위"와 "바로 아래"에 중점을 맞춰보아도 좋다. 바로 위에 있는 수에 관해 다음과 같은 질문을 해본다.

- 14 바로 위에 있는 수는 무엇인가요? (4)
- 26 바로 위에 있는 수는 무엇인가요? (16)
- 79 바로 위에 있는 수는 무엇인가요? (69) 왜 그렇게 결정했나요? (바로 위 수는 항상 10이 적습니다.)

바로 아래 수에 대하여 다음과 같은 질문을 한다.

- 3 바로 아래에 있는 수는 무엇인가요? (13)
- 32 바로 아래에 있는 수는 무엇인가요? (42)
- 88 바로 아래에 있는 수는 무엇이 될까요? (98) 왜 그렇게 결정했나요? (바로 아래 수는 항상 10이 많습니다.)

토론

'줄줄이 수 패턴' 학습 활동은 하나씩, 다섯씩, 열씩 세기에 대하여 이미 알고 있는 것을 연관시켜서 줄 맨 마지막에 있는 수와 줄의 수 사이의 관계를 학생들이 설명해볼 수 있도록 하는 기회를 제공한다. 이 같은 관계, 즉 줄 마지막에 있는 수는 줄 수의 곱하기 다섯(또는 열)이라는 관계는 함수이다. 표에 있는 자료의 쌍을 표현하는 것(이를테면 줄의 수와 마지막 수)은 학생들이 함수를 이해하는 데 있어서 또 다른 단계이다.

격자형 패턴 탐구하기를 계속해보고 싶어하는 학생들에게는 내비게이션 시리즈 중에 ≪유아 · 유치원-초등 2학년의 수와 연산과 함께하는 여행≫에 수록된 화살표 따라가기 수학 활동 또는 100 수표를 가지고 수 세기 패턴과 공배수를 조사해보는 후속 활동을 해보도록 하는 게 좋다.

수학 기계

2학년

요약

학생들이 문제의 해답을 얻기 위해 사용할 규칙(함수)을 발견하고, 그 규칙을 설명하고 적용하여 다른 문제에 대한 해답을 찾는다. 그렇게 한 후 자신의 함수 규칙을 만들어본다.

패턴, 관계, 함수에 대하여 알아보라.

학습 목표

- 한 단계와 두 단계로 된 함수를 알아보고 이를 설명하고 기록해본다.
- 문제를 해결하기 위해 덧셈과 뺄셈을 사용한다.
- 함수를 만들어본다.

사전 지식

- 덧셈과 뺄셈의 상반(相反) 관계에 대한 이해

학습 자료 및 교구

- 각 학생당 학습 활동지 [수학 기계] 복사본 한 장
- 칠판이나 교실 내의 다른 게시판

107쪽

활동

도입하기

칠판에 ⊕1을 그린다. "이것은 '더하기 1'이라고 불리는 수학 기계입니다. 기계 속에 수 1을 넣으면 어떻게 될 거라고 생각하나요?" (모든 "입력"수에 1을 더합니다.) 라고 말한다. 그림 3.11에 있는 문제들을 칠판에 옮겨쓴 후 질문한다. "기계가 이 입력수에 대해 어떻게 할 것인지 누가 보여줄 수 있나요?" 몇몇 학생들을 불러서 칠판 앞으로 나와 빈칸에 "출력"수를 기입하도록 한다(4, 7, 5, 8, 6, 11). 학생들에게 나머지 세 문제에 대하여 "입력"수를 정해보고 어떻게 답을 찾아냈는지 말해보라고 한다(답: 6, 7, 2).

그림 3.11
"더하기 1" 기계 문제

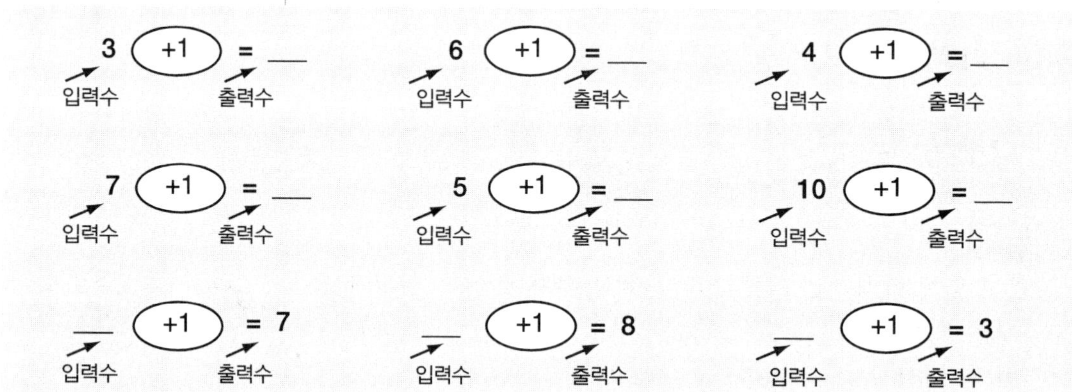

탐구하기

107쪽

각 학생에게 학습 활동지 [수학 기계] 복사본 한 장씩을 준다. 학생들에게 이 문제에서 덧셈과 뺄셈 규칙을 먼저 알아내야 하며 기계에 알맞는 연산 기호와 수를 써넣어야 한다고 말해준다. 학생들이 학습 활동지를 완성하면 문제에 대하여 이야기해본다. 다음과 같은 질문을 해본다.

- 2△ = 5 문제를 보세요. "입력"된 수는 무엇인가요? (2) "입력"된 수에 대해 기계는 어떻게 했나요? ("입력"수에 3을 더했습니다.)
- 6△ = 9 문제를 보세요. "입력"된 수에 대해 기계는 어떻게 했나요? ("입력"된 수에 기계는 3을 더했습니다.) 기계의 이름을 무엇이라고 해야 할까요? (플러스 3, 더하기 3 또는 +3) 기계의 이름을

다른 문제들에서도 모두 이렇게 부를 수 있을까요?

문제 1과 2에서 학생들은 기능을 알아내어 "입력"수에 대한 "출력"수를 찾아내거나 "출력"수가 주어졌을 때 "입력"수를 정하기 위해 그 기능을 적용해야 한다. "출력"수가 주어졌을 때 "입력"수를 찾아내는 데 사용한 절차를 학생들이 반드시 설명해보도록 확인한다. 학생들이 나중에 2단계 기능을 탐구해보는 준비를 하도록 문제 3에서는 문제 1과 2가 합쳐져 있다.

확장하기

학생들에게 스스로 수학 기계 규칙을 만들어보라 하고 규칙을 모형(예, 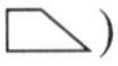)을 사용하여 종이에 기록하게 한다. 학생들에게 종이 뒷면에 문제 두 세트를 만들어 써보라고 하는데, 한 세트는 규칙에 대한 힌트를 주는 "출력"수를 가지고 문제를 만들어보고, 다른 한 세트는 학급 친구들에게 "출력"수 없이 문제를 풀어보라고 하는 문제를 만든다. 학생들이 모두 자신들의 수학 기계 활동을 마치면 이들의 활동지를 전부 모아서 "수학 기계 문제 모음집"이라는 책으로 만든다.

토론

'수학 기계' 학습 활동은 쌍으로 된 수("입력"과 "출력"수) 사이의 관계를 알아보게 할 뿐만 아니라 규칙을 써봄으로써 이와 같은 관계를 일반화할 수 있는 능력을 기를 수 있는 기회를 학생들에게 부여해준다. 덧셈과 뺄셈의 역관계는 "입력"수를 찾아내는 과정에서 한층 더 나아가 설명되어 있다. 규칙과 문제를 만들어 다른 사람이 풀어보게 하는 것은 학생들의 의사 소통 능력을 향상시켜준다.

[수학 기계] 해답

1. △ 기계는 +3 기계이다. 5를 넣으면 8이 나오고, 2를 넣으면 5가 나오고, 10을 넣으면 13이 나온다.
2. □ 기계는 −6 기계이다. 8을 넣으면 2가 나오고, 6을 넣으면 0이 나오고, 9를 넣으면 3이 나온다.
3. △와 □ 기계를 합치면 −3(+3−6이나 +1−4 또는 −2−1 등) 기계가 된다. 9를 넣으면 6이 나오고, 5를 넣으면 2가 나오고, 10을 넣으면 7이 나온다.

대부분의 학생들은 1단계 덧셈이나 뺄셈 규칙을 만들 것이다. 학습 활동지 문제 3을 보고 흥미를 느낀 학생들에게는 2단계의 기계 규칙을 만들어 보도록 격려한다.

되돌아보기와 전망하기

유아 · 유치원에서 초등학교 2학년 과정에서의 수학 교육은 따라하기, 알아보기, 계속하기와 간단한 반복 패턴과 성장 패턴 만들기에 초점을 두고 있다. 패턴에 대한 이해와 어떻게 패턴이 만들어지는지에 대한 이해력을 개발시키기 위해 학생들은 색, 모양, 글자, 수 또는 동작에 따라 달라지는 요소를 가지고 패턴을 만들어본다. 학생들은 반복되는 요소의 집단 속의 요소들을 알아보고 성장 패턴에 대하여는 인접한 위치에 있는 요소들이 서로 어떻게 관련되어 있는지를 알아내게 된다. 언어를 사용하여 패턴을 설명해보고 동일한 패턴을 가지고 다른 요소를 사용하여 표현해보며 “다음에 무엇이 올지”를 추측해보는 활동을 통하여 패턴의 위력을 배우게 된다. 이와 같은 활동들은 초등학교 3학년에서 5학년에 이르러 좀 더 어려운 패턴을 배울 수 있도록 하는 단계의 초석이 된다. 학생들이 고학년이 되면 언어 묘사를 사용하여 패턴을 일반화하도록 배웠던 것을 기호와 그래프로 나타내어 패턴을 일반화하는 것으로 확장시킬 수 있게 된다. 유아 · 유치원에서 초등학교 2학년 과정에서의 주요 학습 활동은 미지수인 변수를 탐구해보고, 덧셈식에서 미지의 가수를 표현하기 위해 변수를 사용하며, 변수의 값을 찾아내는 방법을 만들어보게 하는 것이다. 학생들은 변화하는 양으로서의 변수의 개념에 대하여 다음 두 가지 양상을 처음으로 경험하게 된다. (1) 동일한 합을 갖는 값의 쌍을 표현하기 위한 한 수단으로, (2) 덧셈의 특성을 일반화하는 방법으로 변수를 이해하게 된다. 균형(equality), 불균형(inequality), 등식(equation)에 대한 개념이 다양한 무게의 블록과 함께 양팔 저울을 활용하여 소개된다. 이들 블록이 변수(미지수)이다. 학생들은 무게의 쌍 사이의 관계를 알아내기 위해 시각적 단서를 사용하고, 저울의 양쪽 접시에서 똑같은 블록이나 같은 값을 가지는 블록을 더 올려놓거나 내려놓아서 그 균형을 유지하는 방법을 탐구해보며, 한 변수의 값이 지정되었을 때 다른 변수들의 값을 알아보게 된다. 이와 같은 활동은 등식과 부등식의 해답을 구하는 좀더 형식적인 문제를 학생들이 다루어 볼 수 있도록 준비시켜준다. 이전의 학년에서 시작된 덧셈식을 다루는 활동은 초등학교 3학년에서 5학년 과정에서는 이와는 다른 연산과 연산의 조합을 수반하는 등식으로 확장된다. 6학년과 중학교 1~2학년 과정에서는 등식, 부등식, 비율, 등식의 체계(system), 기호로 표현되는 공식에 대하여 공부하고 이들 각 관계 상의 변수의 값을 구하는 방식을 조사해보게 된다.

관계, 특수한 관계, 함수에 대한 소개는 학생들이 더 큰, 더 먼 관계를 탐구해봄으로써 유아 · 유치원에서 초등학교 2학년 과정에서 이루어진다. 학생들은 넷이 더 많은 관계와 같은 산술적 관계를 학습하게 되고 "더하기 4" 규칙의 입력–출력 표를 완성할 수 있게 된다. 덧셈과 뺄셈을 포함하는 함수의 관계를 완결시켜주는 수의 연산에 대한 규칙을 실습해보기도 한다. 이들 학년 동안 학생들은 교환하기 활동을 통하여 비례(배수) 관계를 비형식적으로 배우기 시작한다.

관계와 함수에 대한 이와 같은 아이디어는 초등학교 3–5학년에서 정사각형의 둘레를 구하는 공식인 둘레 = $4x$(변의 길이)와 연속 홀수의 합을 구하기 위한 함수($1 + 3 + 5 + \cdots + 2n - 1 = n^2$)를 학생들이 검토해보는 것으로 연장된다. 학생들은 먼저 변의 값이 변할 때 둘레가 어떻게 바뀌는지를 조사한다. 학생들은 이후 연속 홀수의 합을 제곱수/평방수(square number)와 연관시키고 이를 기하적으로 표현해보는 학습을 하게 된다. 학생들은 또한 표와 그래프에 제시된 자료를 설명하기 위해 함수로 기술하는 법을 배우게 된다.

유아 · 유치원에서 초등학교 2학년 과정의 대수 규준은 초등학교 3학년에서 고등학교 과정에서 배우는 대수에 대한 기본적인 아이디어를 개발시켜주기 위한 기초이다. 이와 같은 대수적 개념에 대한 경험은 대수뿐만 아니라 수, 측정, 도형, 확률, 통계와 같이 더 어려운 개념을 성공적으로 배울 수 있도록 해줄 것이다.

부록
학습 활동지 모음

Navigations Series Prekindergarten-Grade 2

광대 아저씨 그림

작은 바위 위에 아기 뱀

이름 ____________

발자국 패턴

숫자 길

이름 ______________

1.

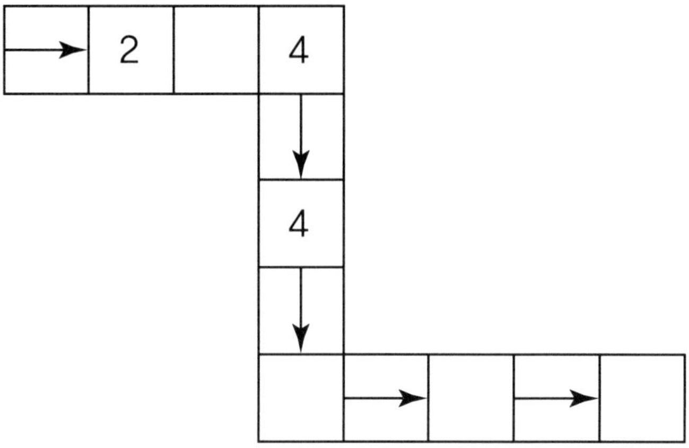

2.

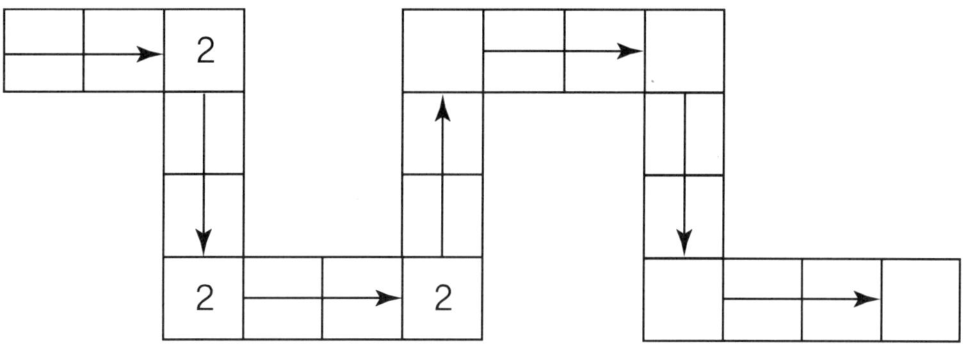

3.

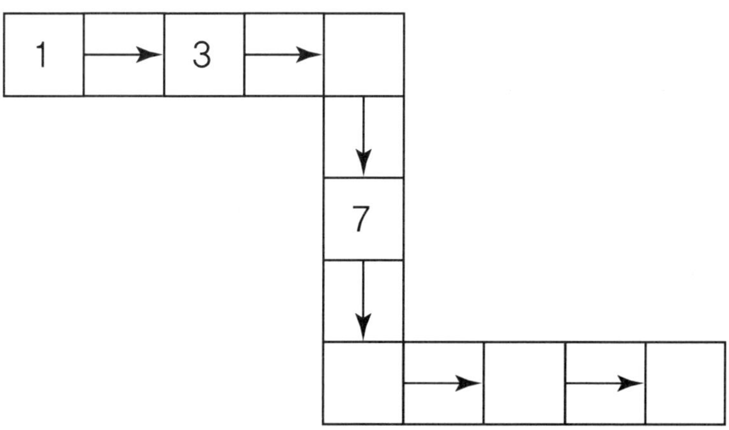

빈칸 길

이름 ____________________

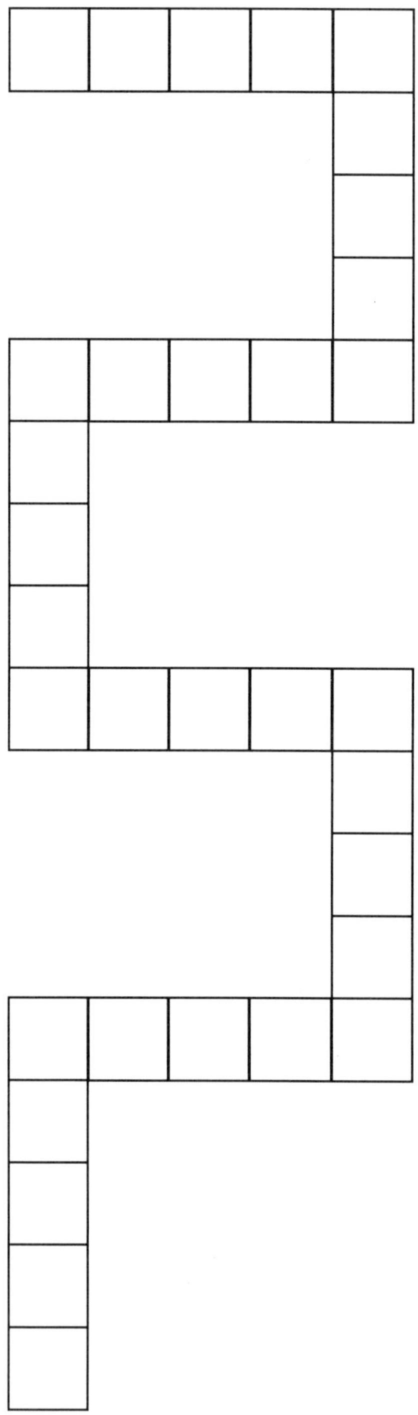

어떻게 성장할까?

이름 ________________

패턴은 계속됩니다.

1. 위의 패턴을 보고 다음에 올 패턴의 그림을 그려 보시오.
2. 삼각형이 6개가 되면, 정사각형은 몇 개가 될까요? ____________________
3. 삼각형이 5개가 되면, 도형(정사각형과 삼각형)의 수는 모두 몇 개가 될까요?

____

4. 위 패턴의 그림에서 정사각형이 7개가 될 수도 있을까요? ________ 왜 그럴까요?

____

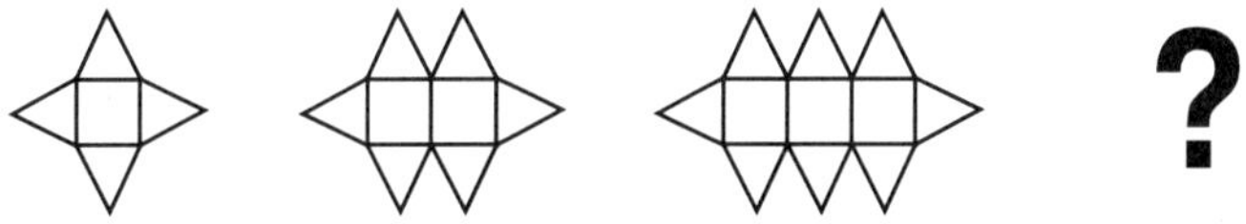

패턴은 계속됩니다.

5. 위 패턴을 보고 다음에 올 패턴의 그림을 그려 보시오.
6. 정사각형이 10개가 되면, 삼각형은 몇 개가 될까요? ____________________
7. 어떻게 알 수 있나요? ____________________

____

8. 삼각형이 14개가 되면, 정사각형의 수는 몇 개가 될까요? ____________________
9. 어떻게 알 수 있나요? ____________________

____

점박이 강아지

막대 합계

이름 ______________

첫 번째 막대 +	두 번째 막대 =	주어진 막대	식

블록 무게 알아맞히기

이름 ____________

A.

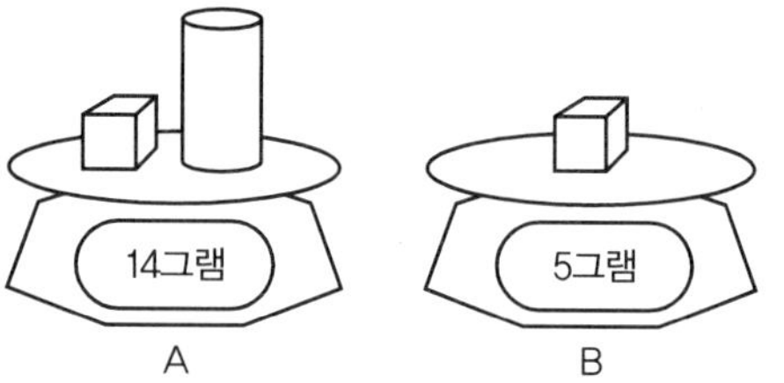

 = ____________ 그램

 = ____________ 그램

B.

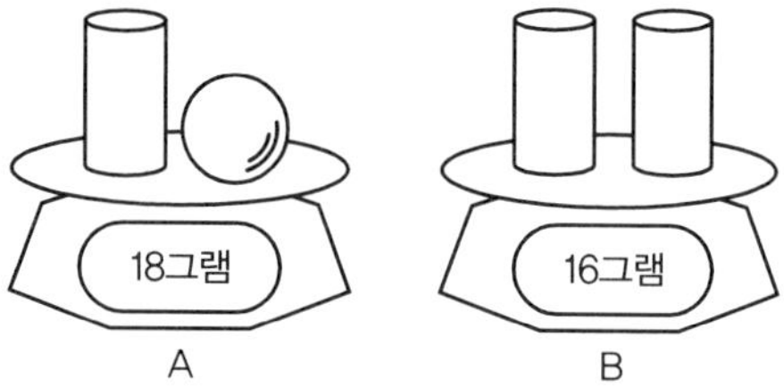

 = ____________ 그램

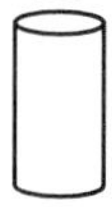 = ____________ 그램

C.

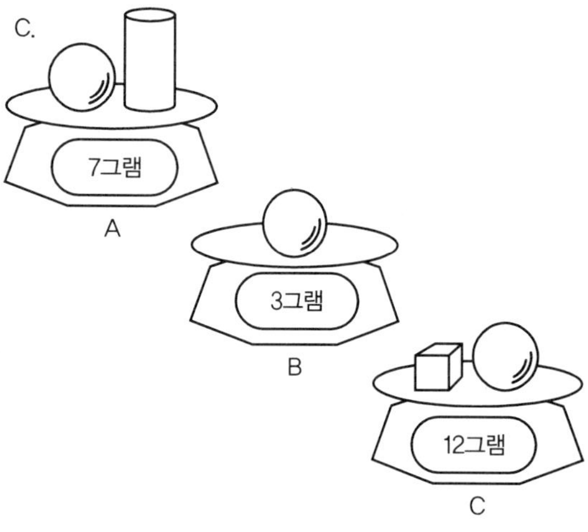

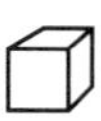 = ____________ 그램

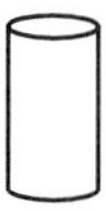 = ____________ 그램

 = ____________ 그램

D.

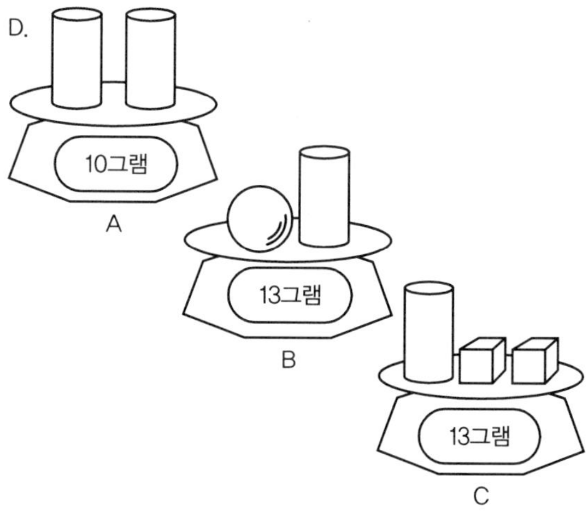

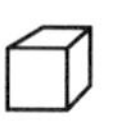 = ____________ 그램

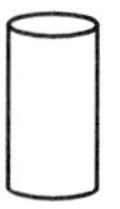 = ____________ 그램

 = ____________ 그램

균형 맞추기

이름 ____________

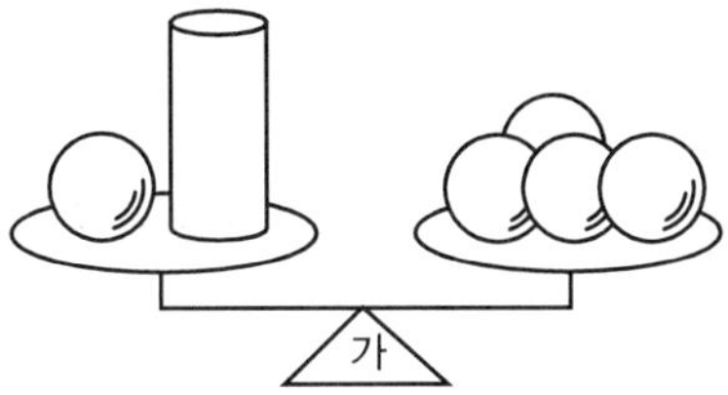

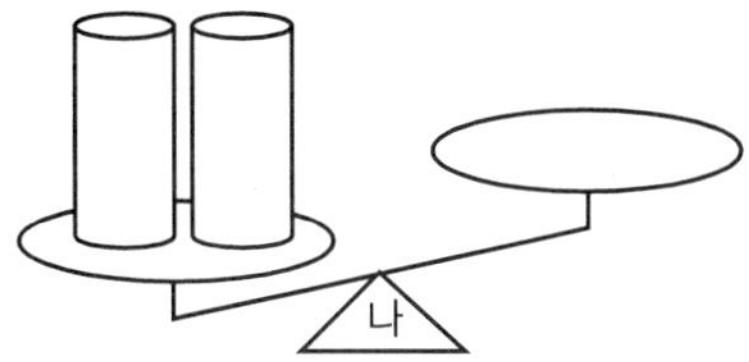

1. 저울 "나"가 균형을 이루게 하려면 몇 개의 가 필요한가요? ____________

2. 어떻게 알 수 있나요? ____________

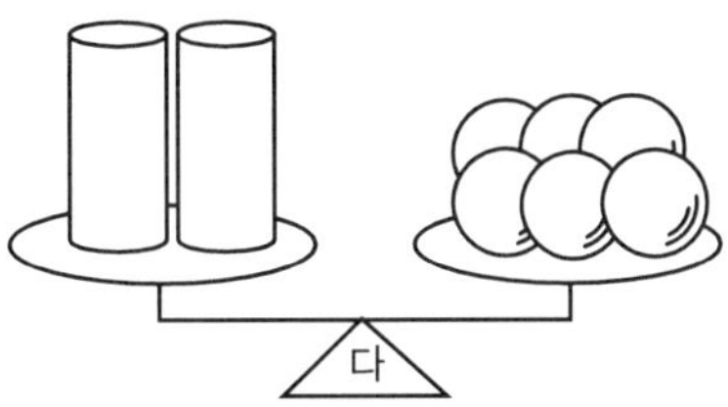

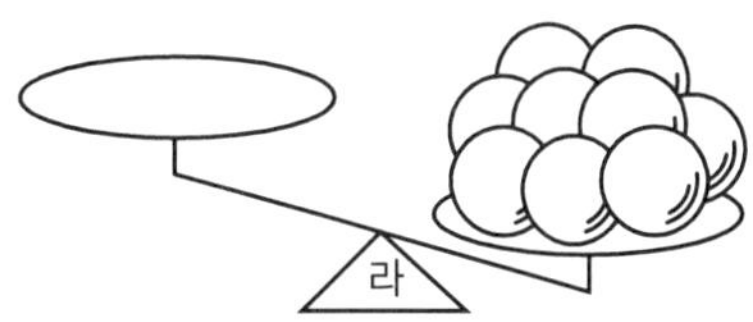

3. 저울 "라"가 균형을 이루게 하려면 몇 개의 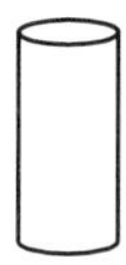가 필요한가요? ____________

4. 어떻게 알 수 있나요? ____________

____

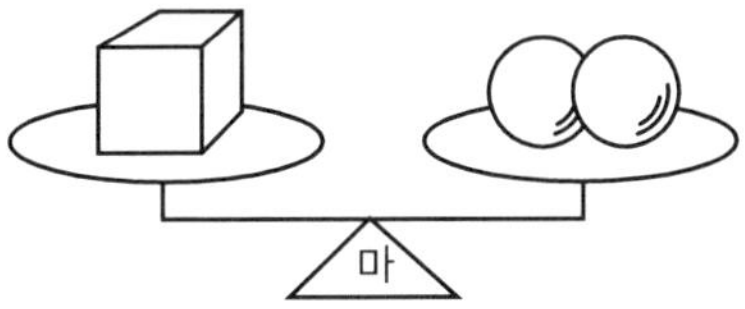

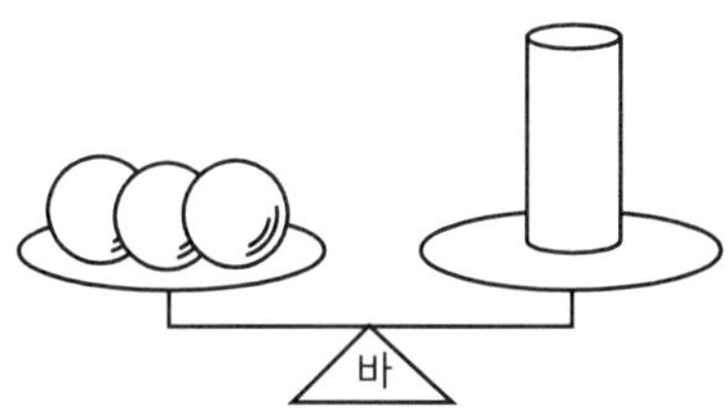

5. 저울 "마"와 "바"를 보세요. 어떤 모양이 가장 무거운가요? 나 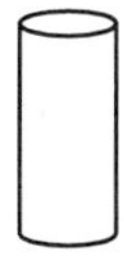, 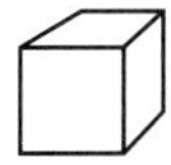 아니면?

6. 어떻게 알 수 있나요? ____________

____

거리는 얼마 일까요?

이름 ______________

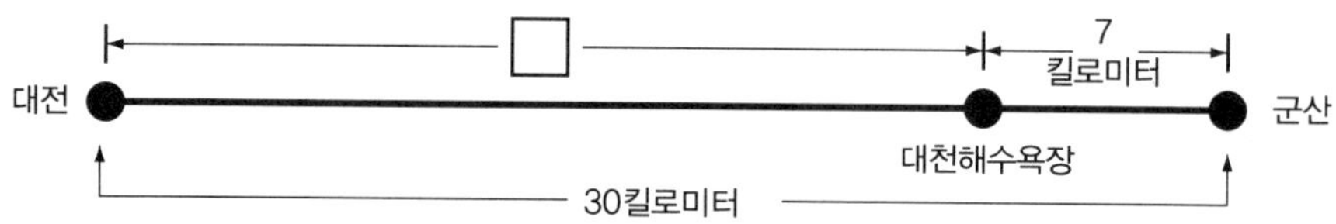

1. 식: ______________　　　　2. □ = ______________ 킬로미터

3. □의 값을 어떻게 알아냈나요?

4. 식: ______________　　　　5. △ = ______________ 킬로미터

6. △의 값을 어떻게 알아냈나요?

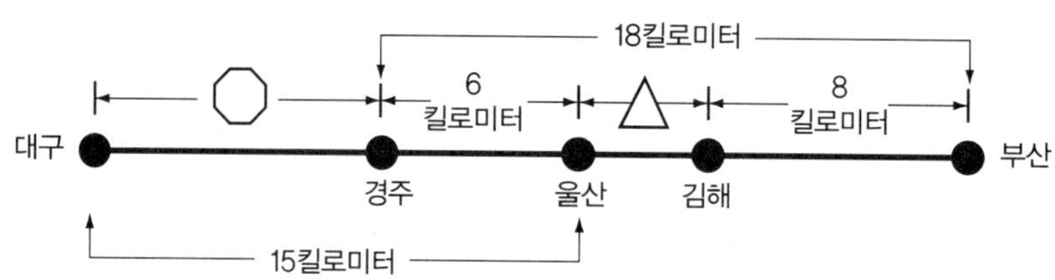

7. ⬡ = ______________ 킬로미터　8. △ = ______________ 킬로미터

9. ⬡와 △의 값을 알아내기 위한 단계를 기록해보시오.

10. 대구에서 부산까지의 거리는 몇 킬로미터인가요?

블록 교환하기

이름 ________________

1. 공정한 교환: 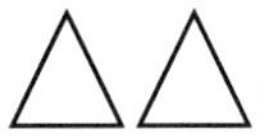 을 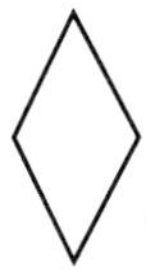 로 교환

________________ 를  로 교환한다.

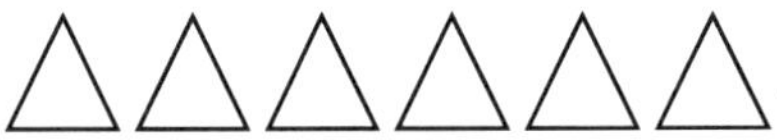 를 ________________ 로 교환한다.

2. 공정한 교환:  를 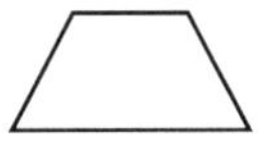 로 교환

 를 ________________ 로 교환한다.

________________ 를 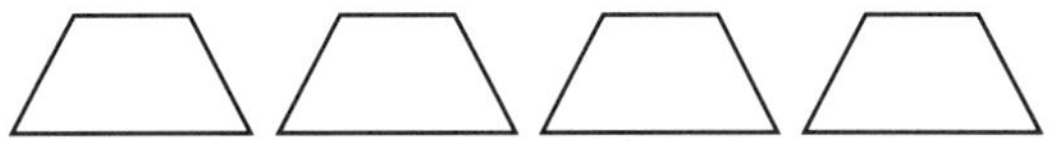 로 교환한다.

3. 공정한 교환: 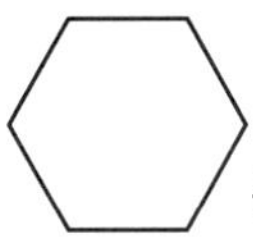 를  로 교환한다.

________________ 를  로 교환한다.

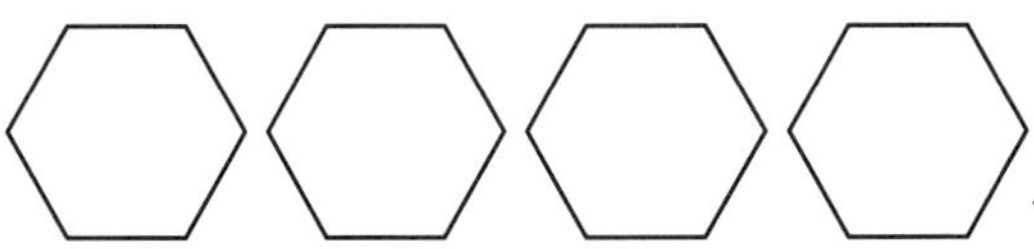 를 ________________ 로 교환한다.

줄줄이 수 패턴

이름 ______________

줄 1	1	2	3	4	5	6	7	8	9	10
줄 2	11	12	13	14	15	16	17	18	19	20
줄 3	21	22	23	24	25	26	27	28	29	30
줄 4	31	32	33	34	35	36	37	38	39	40
줄 5	41	42	43	44	45	46	47	48	49	50

패턴은 계속됩니다.

1. 각 줄의 마지막 수 알아보기
   가) 줄 1의 마지막 수는? ______________
   나) 줄 2의 마지막 수는 ? ______________
   다) 줄 5의 마지막 수는? ______________
   라) 줄 6의 마지막 수는? ______________
   마) 줄 10의 마지막 수는? ______________

2. 줄 10의 마지막 수를 어떻게 결정하였나요? ______________

____

3. 규칙을 쓰시오. 줄의 수를 알았을 때 어떻게 그 줄의 마지막 수를 알 수 있는지 말해보시오.

____

____

4. 가) 73은 몇 번 줄에 있나요? ______________
   나) 어떻게 알아냈는지 말해보세요.

수학 기계

이름 ________________

1. △ 기계가 있습니다. 기계가 하는 일은 무엇인가요? 각 기계의 이름을 쓰시오.

2 △ = 5 (입력수 2, 출력수 5) 6 △ = 9 (입력수 6, 출력수 9) 4 △ = 7 (입력수 4, 출력수 7)

문제를 완성해보시오.

5 △ = ____ (입력수, 출력수) 2 △ = ____ (입력수, 출력수) ____ △ = 13 (입력수, 출력수)

2. 이 기계의 이름을 무엇이라고 해야 할까요? 각 기계의 이름을 쓰세요.

7 □ = 1 (입력수, 출력수) 10 □ = 4 (입력수, 출력수) 12 □ = 6 (입력수, 출력수)

문제를 완성해보시오.

8 □ = ____ (입력수, 출력수) ____ □ = 0 (입력수, 출력수) ____ □ = 3 (입력수, 출력수)

3. △와 □를 함께 놓는다. 이 두 기계는 무엇을 하는지 말해보시오.

8 △□ = 5 (입력수, 출력수) 4 △□ = 1 (입력수, 출력수) 6 △□ = 3 (입력수, 출력수)

문제를 완성해보시오.

9 △□ = ____ (입력수, 출력수) ____ △□ = 2 (입력수, 출력수) 10 △□ = ____ (입력수, 출력수)

내비게이션 시리즈 ✷3

대수와 함께하는 여행 유아 · 유치원—초등 2

지은이 미국수학교사협의회
옮긴이 박만구 · 방정숙 · 정인숙
정인철 · 주미경 · 채정림
펴낸이 박문규
펴낸곳 경문사
펴낸날 2012년 1월 5일 1판 1쇄
등 록 1979년 11월 9일 제9-9호
주 소 121-818, 서울특별시 마포구 와우산로 174
전 화 (02)332-2004 팩스 (02)336-5193
이메일 kyungmoon@kyungmoon.com

ISBN 978-89-6105-518-5
ISBN 978-89-6105-135-4(세트)

값 7,000원

★ 경문사 홈페이지에 오시면 즐거운 일이 생깁니다.
http://www.kyungmoon.com

한국과학기술출판협회 회원사